"十四五"普通高等教育本科系列教材

U0643005

电工电子技术实验教程

（第二版）

白雪峰　卢旭盛　编

刘利强　主审

中国电力出版社
CHINA ELECTRIC POWER PRESS

内 容 提 要

为适应当前教育教学改革的要求，配合工科院校电工电子技术课程的理论教学，编者参照教育部颁发的关于高等工科学校的电工技术（电工学Ⅰ）、电子技术（电工学Ⅱ）及电路与电子技术三门课程的理论及实践教学基本要求，针对实践环节编写了本实验教材。

本书是编者结合多年的实践教学经验及教学体系建设的要求而编写的。全书按模块共分为电工电子测量、电路基础实验、电气控制实验、模拟电子技术实验、数字电子技术实验、基于 NI Multisim 的 EDA 仿真 6 章。本书旨在通过对实验方法与手段的说明、对新技术及新产品的应用介绍，着重培养学生的实践与动手能力、综合分析能力和创新意识，并能更好地去理解理论教学内容。

本书可作为高等院校工科非电类专业电工电子技术实践环节的教材，也可供工科电类专业师生和电工电子工程技术人员参阅。

图书在版编目（CIP）数据

电工电子技术实验教程/白雪峰，卢旭盛编. -- 2 版. -- 北京：中国电力出版社，2025. 3. -- ISBN 978-7-5198-9811-3

Ⅰ. TM-33；TN-33

中国国家版本馆 CIP 数据核字第 2025GB0101 号

出版发行：中国电力出版社

地　　址：北京市东城区北京站西街 19 号（邮政编码 100005）

网　　址：http://www.cepp.sgcc.com.cn

责任编辑：陈　硕

责任校对：黄　蓓　常燕昆

装帧设计：赵姗姗

责任印制：吴　迪

印　　刷：北京雁林吉兆印刷有限公司

版　　次：2015 年 2 月第一版　2025 年 3 月第二版

印　　次：2025 年 3 月北京第一次印刷

开　　本：787 毫米×1092 毫米　16 开本

印　　张：14

字　　数：348 千字

定　　价：42.00 元

前　言

电工电子技术的发展日新月异，要求课程不断改进与建设。同时，随着网络技术的发展，为提高学生学习效果，线上线下混合式教学已经成为发展趋势。基于此，考虑学时特点，结合学校软硬件条件，修订本实验教程，以适应当前教育教学改革的形势，并作为数字化课程建设的依托。

数字化课程建设需有一套更符合学校现有教学环境、社会实际的线下教学使用的教材，以配套线上网络教学平台建设。本次教材修订以满足教学实际，紧跟科学技术的发展，遵循我国高等教育教学的改革精神及方向为原则。

本次修订参照教育部高等学校电子电气基础课程教学指导委员会最新拟定的"电工学"课程和实践教学基本要求，以及中国高等学校电工学研究会提出的非电类电工及电子技术课程的教学新要求，结合教学改革的需求，对课程内容进行了优化整合和更新。修订后的教材在知识点上和原教材基本相同，新增了笼式异步电动机空载参数及特性测试、电气控制系统的仿真等实验项目，使知识体系更完整、全面；删除了功率因数的提高、555 定时器的应用等不常做实验项目。实验项目采用模块化编排，知识体系清晰，能够更好地适应教学要求及数字化课程建设，便于学生对实验方法与手段、实验内容和新技术的应用进行学习、训练和理解。

本书按模块分为 6 章内容：第 1 章为电工电子测量基础知识的介绍；第 2 章为电路基础实验，修订为 3 个实验项目；第 3 章为电气控制实验，包括西门子 PLC 编程软件 TIA-STEP7 的使用介绍，以及修订的 4 个实验项目；第 4 章为模拟电子技术实验，修订为 2 个实验项目；第 5 章为数字电子技术实验，修订为 2 个实验内容；第 6 章为基于 NI Multisim 的 EDA 仿真，包括仿真工具 NI Multisim 14.0 的使用介绍，以及修订的 6 个仿真实验项目。另外，在附录中继续介绍了常用分立元器件和常用集成电路的相关知识。同时书后附有实验报告单。

编者在教材修订过程中，得到了同行教师许多宝贵意见，在此深表谢忱。本书内容难免不够妥善，希望使用本书的教师和同学积极提出改进意见，以便今后修订提高。

编　者
2025 年 3 月

第一版前言

电工电子技术实验是学习电工电子技术的一个重要环节，对学生巩固和加深对理论教学内容的理解，提高实践工作技能，增强对技术应用的认识，树立严谨的科学作风，对学习后续课程和从事相关技术工作奠定基础具有重要作用。为适应电工电子技术的发展和高等教育教学改革的要求，提高学生实验技能和培养学生独立分析问题、解决问题的能力，编者结合当前一些新技术及新实验手段的应用，在总结多年理论教学和实践教学经验的基础上，编写了本书。

编者参照中国高等学校电工学研究会 2016 年提出的非电类电工及电子技术课程的教学要求，并结合实践教学改革的需求，考虑到不同层次、不同专业学生的需求，对电工电子技术实验课程的教学内容进行了模块化的安排和介绍，使知识体系更清晰，便于学生对内容的理解。编者在安排本书内容时，努力做到既保留教学基本要求中所规定的基础实验，尽可能地反映工程中常用电气测量仪器及仪表的使用方法、实验方法与手段，又体现教学改革的精神，重视训练学生的电气技能、综合实践能力及创新意识，反映当前电气及电子工程的新技术和新的实验手段的综合设计型实验。同时，部分实验内容要求学生独立完成方案选择、实验步骤及记录表格等，充分发挥学生的创造性和主动性。

本书按模块分为 6 章：第 1 章为电工电子测量基础知识的介绍；第 2 章为电路基础实验，包括 6 个实验内容；第 3 章为电气控制实验，包括西门子 PLC 编程软件 TIA-STEP7 的使用介绍，以及 4 个实验内容；第 4 章为模拟电子技术实验，包括 4 个实验内容；第 5 章为数字电子技术实验，包括 5 个实验内容；第 6 章为基于 NI Multisim 的 EDA 仿真，包括仿真工具 NI Multisim 14.0 的使用介绍，以及 5 个仿真实验内容。另外，在附录中介绍了常用分立元器件的相关知识及常用集成电路的相关知识。书中实验内容中标有"＊"部分为选做内容。

本书由白雪峰、卢旭盛编写，刘利强教授担任主审。本书编写分工如下：第 1 章、第 3 章及第 6 章由白雪峰编写；第 2 章、第 4 章、第 5 章及附录由卢旭盛编写。白雪峰负责全书统稿。

编者在编写本书的过程中，得到了内蒙古工业大学电工基础教研组同事们的热情帮助，提出了许多宝贵的意见和建议，在此一并表示衷心感谢。

限于编者水平，书中难免存在不妥之处，恳请广大读者批评指正。

编　者

2018 年 8 月

目 录

第❶章 电工电子测量

电工电子测量是电工电子技术相关课程的学习、应用、分析和设计中不可缺少的一个重要环节，其主要任务是测量电流、电压、电功率、频率、相位、功率因数等各种电气量及元器件参数、信号特性等，以供计算、使用、分析和研究。而正确使用各种电工电子测量仪器、仪表是完成全部测量任务的基础。

1.1 电工电子测量仪器、仪表的基本知识

1.1.1 电工电子测量仪器、仪表的分类

电工电子测量仪器、仪表按测量方式和结构原理的不同，可分为直读式、图示式、较量式和数字式仪器、仪表。数字式仪器、仪表是测量仪器、仪表的发展方向。

1. 直读式仪器、仪表

直读式仪器、仪表是可由仪器、仪表的指示机构直接读出被测量的测量结果的装置，如各种指针式交、直流电流表，电压表，功率表等。一般直读式仪器、仪表除使用前应当调零外，不需做其他调整，因此测量迅速、使用方便，是电工电子测量中使用较多的仪器、仪表。

2. 图示式仪器、仪表

图示式仪器、仪表是用来记录和观测被测量图形或该图形与另一变量函数变化关系的仪器、仪表，如 X-Y 记录仪、示波器等。图示式仪器、仪表的观测形象、直观。

3. 较量式仪器、仪表

较量式仪器、仪表是用比较法进行测量的仪器、仪表。应用时，将被测量与某些标准量进行比较而得到被测量的值，如交、直流电桥和电位差计等。较量式仪器、仪表的测量过程比较复杂，但测量准确度高，因而常用于精确测量场合。

4. 数字式仪器、仪表

数字式仪器、仪表是利用数字电子技术及测量技术制成的仪器、仪表，被测量的大小可由数码显示，如数字式电压及电流表、数字式万用表、数字式功率表、数字式存储示波器等。数字式仪器、仪表的输入电阻高，系统误差小，测量结果直观、准确，便于联网和远程监测，可智能化，是电工电子仪器、仪表的发展趋势，广泛应用于各种测量技术中。

1.1.2 直读式测量仪表的特性

直读式测量仪表由于价格便宜、使用简单、可测电量多、便于携带，属于常用仪表。要

正确使用直读式测量仪表，就要认识其类系特性及准确度。

1. 直读式测量仪表的类系特性

直读式仪表之所以能测量各种电量，主要是利用仪表中通入电流后产生电磁作用，使可动部分受到转矩而发生转动。直读式测量仪表根据其测量机构（又称表头）的工作原理的不同，可分为磁电系、电磁系、电动系、感应系、静电系和整流系等几个类系，它们具有各自的性能特点，适用于不同的测量场合。

（1）磁电系仪表。磁电式仪表是利用可动线圈中电流产生的磁场与固定的永久磁铁的磁场相互作用而工作的仪表。

从磁电系仪表的特性来看，其主要优点为：仪表标尺上的刻度（分度）是均匀的；灵敏度和准确度高；阻尼强；消耗电能量少，对外电路的影响小；由于永久磁铁有较强的磁场，受外界磁场的影响很小。其主要缺点为：只适于测直流量，过载能力低。

磁电系仪表常用来测量直流电压、直流电流及电阻等。

（2）电磁系仪表。常用的电磁系仪表的测量机构有吸引型和排斥型两种。吸引型是由固定线圈中的电流产生的磁场使可动铁片磁化并产生吸引力而进行工作的；排斥型是由固定线圈中的电流产生的磁场使装在固定线圈内壁上的软铁片及装在转轴上的动铁片磁化后，利用固定软铁片与可动铁片相互作用而工作的。

从电磁系仪表的特性来看，其主要优点为：构造简单，价格低廉，可用于交、直流，能测量较大的电流和允许较大的过载。其主要缺点为：仪表标尺上的刻度是不均匀的；只能用来测量几百赫兹以下的交变电流；易受外界磁场及铁片磁滞和涡流的影响，准确度不高。

电磁系仪表常用来测量较低频率的交流电压和电流。

（3）电动系仪表。电动系仪表是一种利用载流的可转动的活动线圈和载流的固定线圈之间的作用力而工作的仪表。其与电磁系仪表相比，最大的区别在于由活动线圈代替了可动铁片，因此消除了磁滞和涡流的影响，使仪表的准确度得到了提高。此外，由于电动系仪表有固定和活动两种线圈，这样就可以用来测量功率、功率因数等。

从电动系仪表的特性来看，其主要优点为：适用于交、直流量测量，使用的频率在2.5kHz以下；准确度较高；量程可扩大。其主要缺点为：仪表标尺上的刻度是不均匀的，易受外界磁场的影响，不能承受较大过载。

电动系功率表用来测量交、直流功率及交流电路的功率因数。

（4）感应系仪表。感应系仪表是由一个或几个固定的交流电磁铁磁场与其在可动导电元件中感应出的电流所产生的磁场相互作用而工作的仪表。

从感应系仪表的特性来看，其主要优点为：结构牢固，受外界磁场的影响很小，过载能力强。其主要缺点为：易受温度影响，准确度不高。

感应系仪表一般只用于标称频率电路中，如电能表。

（5）静电系仪表。静电系仪表是利用基于固定的和可动的电极之间静电力的效应而工作的仪表。

从静电系仪表的特性来看，其主要优点为：可以测量交流或直流电压，频率范围宽，可做成直接测量高电压的仪表。其主要缺点为：刻度不均匀，灵敏度低。

静电系仪表常用于高电压的测量。

（6）整流系仪表。整流系仪表是由整流装置和直流测量仪表组成，用于测量交流电流和电压的仪表。其特性与磁电系直流仪表相似。

2. 直读式测量仪表的准确度

仪表的准确度代表仪表的读数与被测物理量的真值相符合的程度，是直读式测量仪表的主要特性之一。误差越小，准确度越高。

（1）仪表误差的分类。根据引起误差的原因，可将仪表误差分为基本误差和附加误差两种。

基本误差：仪表在正常工作条件下进行测量时，由于内部结构和制作不完善而引起的误差。基本误差是仪表本身所固有的，通常可将其看作一个常数。

仪表的正常工作条件通常如下：仪表指针调整到机械零位；仪表按规定的工作位置放置；除地磁场外，没有外来电磁场；环境温度是 20℃，或为仪表限定温度；交流仪表的使用频率符合仪表的规定，所测量的波形为正弦波。

附加误差：仪表因偏离其正常工作条件而产生的除上述基本误差以外的误差。当温度、外来电磁场、频率、波形等不符合正常工作条件时，都会引起附加误差。

（2）仪表的准确度。因为仪表在不同的刻度上对应的基本误差只是近似相等（实际上，其值有大有小，符号有正有负），所以用最大引用误差来衡量仪表的准确度更为合适。最大引用误差 γ_{nm} 为

$$\gamma_{nm} = \Delta_m / A_m \times 100\%$$

式中：Δ_m 为仪表对应于不同刻度的最大基本误差；A_m 为仪表的最大量程。

目前，我国生产的电气测量指示仪表，按最大引用误差的不同，其准确度等级 a 分为 0.1、0.2、0.5、1.0、1.5、2.5、5.0 级七个等级。随着仪表制造工业的快速发展，又出现了准确度等级为 0.05 级的仪表。

在正常工作条件下，准确度等级 a 与最大引用误差 γ_{nm} 的关系为

$$a\% \geqslant |\gamma_{nm}|$$

应该指出，仪表的准确度等级是用来衡量仪表性能的指标，在使用仪表进行测量时，所产生的测量误差可能会超过仪表的准确度等级。这可用下面的例子来说明。

【例 1-1】　用量程为 20A、准确度等级为 1.5 级的电流表来测量实际值为 15A 和 5A 的两个电流，求两次测量的引用误差。

【解】　（1）测量 15A 的电流时，仪表的最大基本误差为

$$\Delta_m = \pm a\% \times A_m = \pm 1.5\% \times 20 = \pm 0.3 \, (A)$$

因而，此时的引用误差为

$$\gamma_n = \pm 0.3/15 \times 100\% = \pm 2\%$$

（2）测量 5A 的电流时，仪表的最大基本误差仍为

$$\Delta_m = \pm a\% \times A_m = \pm 1.5\% \times 20 = \pm 0.3 \, (A)$$

因而，此时的引用误差为

$$\gamma_n = \pm 0.3/5 \times 100\% = \pm 6\%$$

由此可见，当仪表的准确度等级或最大引用误差给定后，被选用仪表的量程大于被测量的范围越小越好（测量误差小）。

常用直读式测量仪表表盘上的标记符号见表 1-1，端钮符号见表 1-2，这些标记及端钮符号反映了仪表的基本特征。

表 1-1 　　　　　　　　　　　常用直读式测量仪表表盘上的标记符号

分类	符　号	名　　称	分类	符　号	名　　称
电流种类	—	直流表	工作原理	⌐⌐	磁电式仪表
	~	交流表		▭	电动式仪表
	≈	交、直流表		⋀	电磁式仪表
	≋	三相交流表		⌐▶	整流式仪表
测试对象	Ⓐ	电流表	工作位置	—	水平使用
	Ⓥ	电压表			
	Ⓦ	功率表		⊥	垂直使用
	kWh	电能表		↑	
准确度等级	⓪.5	0.5 级	绝缘等级	⚡2kV	试验电压 2kV
	0.5			☆	
防御能力	Ⅱ	防御外磁场能力第Ⅱ等	使用条件	△B	使用条件 B 组仪表

表 1-2 　　　　　　　　　　　常用直读式测量仪表的端钮符号

名　　称	符号	名　　称	符号
负端钮	—	接地用的端钮	⏚
正端钮	+	与外壳相连接的端钮	⊥
公共端钮（多量限仪表和复用电表）	*	与屏蔽相连接的端钮	○

1.2　常用电工电子测量仪器、仪表的使用方法

电气测量依靠的是各种测量仪器与仪表，只有对其正确使用，才能得到真实的测量结果。

1.2.1　常用电工电子测量仪表的使用方法

电工电子测量仪表主要用于电压、电流、功率、电能、相位、功率因数等电路参数的测量。以下主要对电压表、电流表、万用表及功率表的使用方法进行说明。

1．电压表、电流表的使用方法

根据被测量的大小，电压表可分为毫伏表、伏特表和千伏表，电流表可分为微安表、毫安表和安培表。电压表、电流表的示值有直读式（指针式）和数字式两种。

指针式电压表、电流表的正确使用方法如下：

（1）类系的选择。测量直流电压、电流时，可使用磁电系、电磁系或电动系仪表（直流电表）。因为磁电系的灵敏度和准确度高，所以使用最为广泛；测量交流电压、电流（有效值）时，则只能选用电磁系或电动系仪表（交流电表），其中电磁系仪表较为常用。可见，电磁系或电动系仪表可以交、直流两用。整流系仪表用以测量周期电压、电流的平均值。

（2）接线方法。电压表必须并接在被测电压的两端，电流表必须串接到被测量的电路中。测量直流量时，还应注意仪表接线端钮上的"＋""－"极性标记，应和被测两点的高、低电位相一致，不能接错，否则指针会反转，严重情况下会损坏仪表。

（3）量程的选择。选择电压表、电流表量程时，应使所选量程大于被测值，以免损坏仪表。此外，在选择量程时还应注意使指针尽可能接近满标值，最好让仪表工作在不小于满标值的2/3的区域，以提高测量的准确度。

数字式电压表、电流表的接线方法及量程的选择与指针式电压表、电流表基本相同，优点是测量直流量时如果极性接反会以负值显示，测量准确度较高。

为了准确地测量电路中实际的电压和电流，必须保证仪表接入电路不改变被测电路的工作状态。这就要求电压表的内阻为无穷大，电流表的内阻为零。而实际使用的电工仪表都不能满足上述要求。因此，测量仪表一旦接入电路，就会改变原有的工作状态，这就导致仪表的读数值与电路的实际值之间出现误差，这种测量误差值的大小与仪表本身内阻值的大小密切相关。

2．万用表的使用

万用表可测量多种电量，虽然准确度不够高，但是使用简单，携带方便，特别适用于检查线路和修理电气设备。万用表有指针式和数字式两种。

常用指针式万用表的正确使用方法如下：

（1）端钮（或插孔）的选择。

1）万用表一般配有红、黑两种颜色的表笔，面板上也有红、黑两色端钮或标有"＋""－"极性的插孔。使用时应将红表笔接红色端钮或插入标有"＋"的插孔内，黑表笔接黑色端钮或插入标有"－"的插孔内。需要说明的是，面板上的"＋"端是接至内部电池的负极上的，而"－"端是接至内部电池的正极上的。

2）测量电流与电压的方法与一般仪表相同，即测电流时串接于电路，测电压时并接于电路。测量直流时要注意正、负极性，红表笔接正极，黑表笔接负极。

（2）机械调零和欧姆调零。用万用表测量前，应通过面板上的调零螺钉进行机械调零，以保证测量的准确性。

在测量电阻时，每转换一次量程时，都要进行欧姆调零。方法是将两根表笔短接，如指针不在 $R=0$ 的位置上，则调整面板上的"欧姆调零"旋钮，使指针指零，如果这种方法不能使指针指零，则说明表中所用电池的电压不足，应更换新电池。

（3）转换开关位置的选择。

1）根据测量对象，将转换开关转至需要的位置上。例如，测量电流，转换开关转至相应的（直流或交流）电流挡；测量电压，转换开关转至相应的（直流或交流）电压挡。

2）合理选择量程。测量电压或电流时，应使测量值落在量程的 1/2～2/3 范围内；测量电阻时，测量值应尽量落在欧姆挡中心值的 0.1～10 倍范围内。这样做，读数比较准确。

（4）结束测量。测量完毕，将转换开关转至交流电压挡最大量程位置上或旋至 OFF 挡。

数字式万用表一般有 4 个表笔插孔，图 1-1 所示为 VC890D 型数字式万用表。测量时，黑表笔插入"COM"插孔，红表笔则根据需要，插入相应的 VΩ、200mA 或 20A 插孔。数字式万用表的使用方法与指针式万用表大体相同，但与指针式万用表比较，测量准确度较高，测量范围较大。此外，数字式万用表还可检查半导体二极管的导电性能，并能测量电容容量、晶体管的电流放大系数 h_{FE}（即 $\bar{\beta}$）和检查线路通断。

图 1-1　VC890D 型数字式万用表

数字式万用表在使用时还应注意以下几点。

1）当数字式万用表在测量挡位显示 1 时，说明已超过量程，需调高一挡。

2）与指针式万用表不同，数字式万用表的红表笔接内部电池的正极，黑表笔接内部电池的负极。

3）测量二极管功能时（二极管/蜂鸣器 ▸|•))) 挡），显示值为二极管正向压降，二极管接反则显示 1。

此挡位也可测试导线或线路（电阻值小于 70Ω）的通断，若蜂鸣器响，则说明导线或线路通；否则，说明导线或线路断。

4）测晶体管的电流放大系数 β 时（h_{FE} 挡），要根据晶体管的类型（NPN 或 PNP）插入相应的插孔。由于工作电压仅为 2.8V，测量值为近似值。

5）测量电容容量时（F 挡），要将电容插入"Cx"（电容）插孔。

6）测量结束，应关闭电源。

不论是数字式万用表还是指针式万用表，测量高电压、大电流时，不可带电转换开关，以免电弧烧毁转换开关触点；严禁带电测电阻；长期不用时，应取出电池，防止漏电。测未知量的电压或电流时，应先选择最高挡，然后逐渐转至适当挡位，以免烧坏表内电路。

3. 功率表的使用

直流电路中，功率 $P = UI$，可利用电压表、电流表分别测量被测电路或元器件的端电压及流过的电流，从而得到功率。

正弦交流电路中的功率包括电阻元件消耗的有功功率，储能元件上用于能量互换的无功功率，以及表示电源设备容量的视在功率。有功功率的测量可采用有功功率表（简称功率表），无功功率的测量可使用无功功率表。利用有功功率表采用一定的方法也可以测量无功功率。

功率表可分为安装式功率表（为直读单量程式，表上的示数即为功率数）和便携式功率表（一般为多量程式指针表），下面介绍便携式功率表的使用。

（1）使用方法。便携式功率表（又称瓦特表）是一种电动系仪表，一般内部含有两个电流线圈和一个可动电压线圈，其表头如图 1-2 中所示（以 D34-W 型为例）。两个电流线圈可串联或并联，因而可得两个电流量限，如功率表电流量限为 0.5A、1A，电流量程换接片采用图 1-2（a）所示虚线（横向、低量限）的接法，即功率表的两个电流线圈串联，其量限为 0.5A；如换接片采用图 1-2（b）所示虚线（纵向、高量限）的接法，即功率表的两个电流线圈并联，量限为 1A。使用时，其电流线圈应与负载串联；其电压线圈应并联到被测负载上，有三个量限。

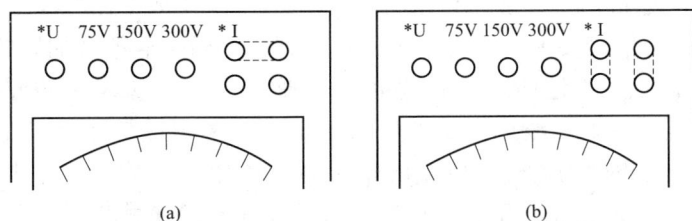

图 1-2　便携式功率表表头电流线圈的两种接法
（a）横向、低量限接法；（b）纵向、高量限接法

电流线圈和电压线圈都有一端标有"＊"，这两端为同极性端（同名端），接线时必须将同极性端接在同一根电源线上，以保证两线圈电流都能从该端子流入。按此原则，功率表的接线方式有两种，如图 1-3 所示，图中 1、2 端之间为电流线圈，3、4 端之间为电压线圈。图 1-3（a）所示为电压线圈前接方式，适用于负载阻抗的模远大于电流线圈阻抗的模（即电流小、电压高、功率小的高阻抗负载）的测量；图 1-3（b）所示为电压线圈后接方式，适用于负载阻抗的模远小于电压线圈阻抗的模（即电流大、功率大的低阻抗负载）的测量。当不清楚电源线在负载哪一边时，指针可能反转，这时只需将电压线圈端钮的接线对调一下，或将装在电压线圈中改换极性的开关转换一下即可。

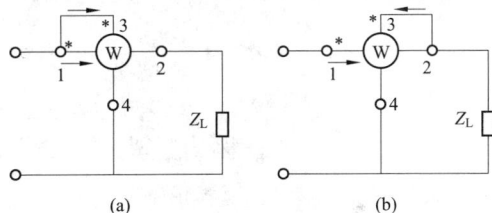

图 1-3　功率表接线方式
（a）电压线圈前接方式；（b）电压线圈后接方式

（2）读数。因为功率表是多量程的，而面板上一般只刻有一条标度尺，所以在选用不同的量程时，每一分格就代表不同的功率数。因而功率表指针的读数（分格数）要乘一系数 K，才能得出所测的实际功率，即功率 P 为

$$P = K \times 读数$$

式中：K 为系数，$K = \dfrac{U_e I_e}{\alpha_m}$，W/分格；$U_e$ 和 I_e 分别为功率表的电压量程和电流量程；α_m 为表盘满刻度的总分格数（满标值）。

需要注意的是，对于低功率因数表的读数，还要乘以表的功率因数 $\cos\varphi$，即

$$P = K \times 读数 \times \cos\varphi$$

1.2.2　双踪示波器的使用方法

示波器是一种快速的 X-Y 描绘器，可根据需要描绘出输入信号对另一信号或者输入信

号对时间的关系曲线。

利用示波器可以观察周期性变化的电压和电流的波形，还可测量电压和电流的幅值、频率、相位、功率等，而且具有输入阻抗高、频率响应好、灵敏度高等优点，因此，它在近代无线电测量技术中得到了广泛的应用。双踪示波器的使用最普遍，它能同时显示两路输入信号的波形，且使用方便。

双踪示波器的荧光屏上可单独显示每个通道（CH1、CH2）的信号波形，也可在荧光屏上同时看到两个通道的信号波形，还可在荧光屏上观察到两个通道叠加后的信号波形。在使用过程中应把示波器的探头地线与其他设备或实验电路上的参考电位点连接在一起，即"共地"。如接地不可靠，显示波形会受到严重的干扰，影响正常测量工作。当旋钮开关已处于极限位置时，切勿再用力旋转，以免损坏开关。

双踪示波器可分为模拟式和数字式两类。以下首先对模拟式双踪示波器的使用进行介绍，再在其基础上介绍数字式双踪示波器的使用。

1. 模拟式双踪示波器的使用

模拟式双踪示波器的品牌及型号较多，但操作和使用方法基本相同。图 1-4 为 VP-5220P 型双踪示波器面板。

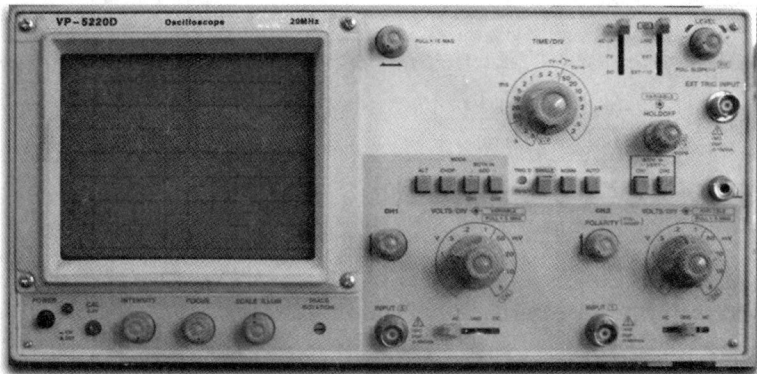

图 1-4　VP-5220P 型双踪示波器面板

（1）模拟式双踪示波器的使用准备。将模拟式双踪示波器与电源接通，调节选择示波器的工作方式。

1）垂直系统的通道选择：用于选择信号测量探头接入通道及工作方式。将 MODE（垂直通道工作方式）开关置于 CH1 时，只显示通道 1 的输入信号；置于 CH2 时，只显示通道 2 的输入信号；置于 ALT（交替方式）时，交替显示两个通道的信号，由于交替速度很快，屏幕上看到的是两个稳定的波形，适用于高频信号的显示；置于 CHOP（断续方式）时，在两个通道间切换显示，同样由于断续切换频率很高，屏幕上看到的是两个完整的波形，适用于高频信号的显示；置于 CH1+CH2（相加）时，加入通道 1 和通道 2 输入端的信号代数相加，并在示波管屏幕上显示其和。另外，还可以选择实现显示相减（CH1-CH2）、相乘（CH1×CH2）。

2）垂直系统输入耦合方式的选择：选择 DC（直流）耦合，适用于观察包含直流成分的被测信号，如信号的逻辑电平和静态信号的直流电平，当被测信号的频率很低时，也必须采用这种方式；选择 AC（交流）耦合，信号中的直流分量被隔断，用于观察信号的交流分量，如观察较高直流电平上的小信号。选择 GND（接地），通道输入端接地（输入信号断开），用于确定输入为零时光迹所处的位置。

3）水平系统扫描方式的选择：

a. "扫描方式"开关置于 AUTO（自动）位置，无触发信号（或者触发信号频率低于50Hz）时，屏幕上显示光迹；有触发信号时，显示稳定的波形。

b. "扫描方式"开关置于 NORM（常态）位置，无触发信号时，屏幕上无显示；有触发信号时，显示稳定波形。

4）触发信号源的选择：选择触发源为 INT（内）、EXT（外）还是 LINE（电源）。当触发源开关置于 LINE（电源触发）时，机内 50Hz 信号输入触发电路；当触发源开关置于EXT（外触发）时，由面板上的外触发输入插座输入触发信号；当触发源开关置于 INT（内触发）时，由内触发源选择开关控制。

在内触发状态下，将内触发源选择开关置于与通道选择相对应的 CH1 或 CH2。当选择VERT（交替触发，即 CH1 和 CH2 开关同时按下）时，触发源受垂直通道工作方式开关控制；当垂直通道工作方式开关置于 CH1 时，触发源自动切换到通道 1；当垂直通道工作方式开关置于 CH2 时，触发源自动切换到通道 2；当垂直通道工作方式开关置于"交替"时，触发源与通道 1、通道 2 同步切换，在这种状态使用时，两个不相关的信号的频率不应相差很大，同时垂直输入耦合置于 AC，触发方式应置于"自动"或"常态"。当垂直通道工作方式开关置于"断续"和"代数和"时，内触发源选择开关应置于 CH1 或 CH2。

最后，调节"垂直位移"和"水平位移"旋钮，使荧光屏上出现扫描线，并调节INTENSITY（辉度）、FOCUS（聚集）旋钮，使扫描线成为一条位于屏幕中央的亮度适中、均匀、光滑而纤细的光迹，位于屏幕中央。

另外需说明的是，HOLDOFF（释抑）触发的作用是暂时将示波器的触发电路封闭一段时间（即释抑时间），在这段时间内，即使有满足触发条件的信号波形点，示波器也不会触发。释抑也是为了稳定显示波形而设置的功能。

（2）在电压测量中的应用。将 V/DIV（伏特/格）微调旋钮置于 CAL（校准）位置，AC-GND-DC（交流—地—直流）耦合方式开关置于 AC 或 DC，以测交流或直流信号。在CH1 或 CH2 通道口接入被测信号。

对于直流电压，将"扫描方式"开关置于 AUTO，选择适当的扫描速度，以使扫描不发生闪烁现象。然后，将 AC-GND-DC 开关置于 GND，此时扫描显示的是图 1-5 所示的 0V 基准线，调节垂直"位移"旋钮，使该扫描线准确地落在水平刻度线上，以便读取信号电压。再将 AC-GND-DC 开关置于 DC，并将被测电压加至输入端，扫描线的垂直位移即为信号的电压幅值，如果扫描线上移，被测电压相对于地电位为正；如果扫描线下移，该电压为负。此时电压值如下：

用探头的×1 位置测量：

$$电压(V) = V/DIV 设定值 \times DIV(输入信号显示幅值)$$

用探头的×10 位置测量：

$$电压(V) = V/DIV 设定值 \times DIV(输入信号显示幅值) \times 10$$

在测量直流电压时，示波器具有高输入阻抗、高灵敏度、快速响应的性能。

对于交流量，调整 V/DIV，并使被测信号的波形稳定地位于屏幕中央，如图 1-6 所示，则信号的峰–峰值电压 U_{p-p} 的计算公式如下：

用探头的×1 位置测量：

$$U_{p-p}(V) = V/DIV \text{ 设定值} \times DIV（波形所占垂直方向的刻度数）$$

用探头的×10 位置测量：

$$U_{p-p}(V) = V/DIV \text{ 设定值} \times DIV（波形所占垂直方向的刻度数）\times 10$$

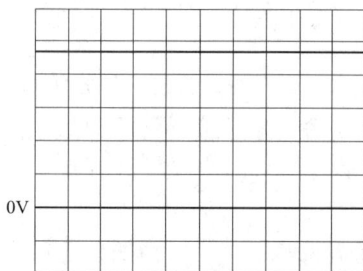

图 1-5　直流电压测量波形　　　　　　图 1-6　交流电压测量波形

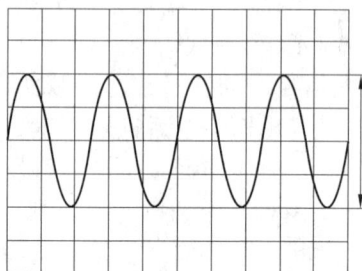

（3）在时间（频率）测量中的应用。将 T/DIV［时间（s）/格］微调旋钮置于 CAL（校准）位置，调整 T/DIV 旋钮。这样，被测信号波形两点间的时间间隔的测量值为

$$时间(s) = T/DIV \text{ 设定值} \times DIV（被测两点水平方向的间距）$$

信号频率 f（单位为 Hz）为

$$f = \frac{1}{T}$$

式中：T 为测量得到的信号变化周期。

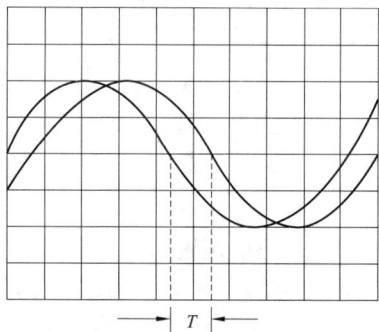

图 1-7　相位测量波形

（4）在相位测量中的应用。利用双踪显示功能可显示所测量的两个波形的相位差。图 1-7 给出了具有相同频率的超前和滞后正弦波双踪显示的例子。在此情况下，"触发源"开关必须置于相位超前信号的通道。同时，调节 T/DIV 旋钮，使所显示正弦波的一个周期的长度为 9 格。

此时，1 格刻度代表波形相位 40°（1 周期 = 2π = 360°），则两个信号之间的相位差 φ 为

$$\varphi = T（格）\times 40°$$

式中：T 为超前和滞后信号与刻度水平中心线（时基线）相交的两点间的距离。

2. 数字式双踪示波器的使用

数字式双踪示波器较模拟式双踪示波器的功能更为丰富，使用更为方便，不仅具有双踪波形显示、分析和数学运算功能，还具有控制、存储、波形的录制与回放、自动跟踪测量及波形参数显示等功能。其接口也相当丰富，支持多级菜单，能提供给用户多种选择，具有多种设置和分析功能。

数字式双踪示波器前面板各通道标志、旋钮和按键的位置及操作方法与模拟式类似，只是增加了不同的功能菜单区。

（1）数字式双踪示波器前操作面板结构。以 GDS-1102-U 型为例，来看一下数字式双踪示波器的面板，如图 1-8 所示。前操作面板按功能可划分为液晶显示区、功能键区、垂直系统控制区、水平系统控制区、触发系统控制区、增减数值区、菜单选择区、执行按键区及信号输入/输出区等几个区域。

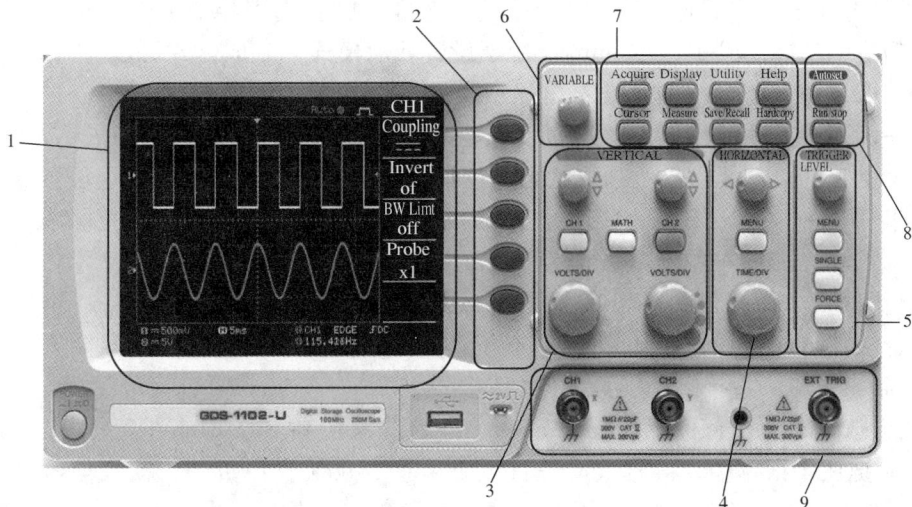

图 1-8　GDS-1102-U 型数字式双踪示波器面板

1—液晶显示区；2—功能键区；3—垂直系统控制区；4—水平系统控制区；5—触发系统控制区；
6—增减数值区；7—菜单选择区；8—执行按键区；9—信号输入/输出区

（2）可操作功能区的使用。

1）功能键区。此操作区有 5 个按键，在屏幕右侧显示其菜单功能，用于其右侧功能区各种操作的相应菜单及子菜单的功能选择及设置。例如，选择垂直通道 CH1 输入时，可通过功能键选择和设置耦合方式、是否反相、带宽限制、探头衰减比率及电压扩展模式等。

2）垂直系统控制区。其操作菜单与模拟式双踪示波器的基本一致，主要用于垂直显示位置的设置。VOLTS/DIV（电压/格）旋钮用于调节屏幕坐标幅度方向的每格电压挡位，以改变信号垂直方向的屏占比，每格电压挡位值会在屏幕下方显示；上下调节旋钮用于上下移动波形；CH1 键、CH2 键为通道选择键，MATH 键为显示方式键，用于两个通道信号的算术运算。CH1、CH2、MATH 可通过功能键的菜单进行设置。

3）水平系统控制区。其操作菜单也与模拟式双踪示波器的基本一致，主要用于水平时基的设置。TIME/DIV（时间/格）旋钮用于调节屏幕坐标水平方向的时基挡位，以改变信号水平方向的显示宽窄，每格时间挡位值会在屏幕下方显示；左右调节旋钮用于左右移动波形；水平功能 MENU（菜单）键按下一次进入的水平视图模式设置，通过功能键的菜单可设置主时基、视窗、滚动模式及 XY 模式等。MENU 键按下两次进入水平调整设置，再通过菜单按 H Pos Adj 键可切换粗调和微调、按 Set/Clear 键可创建/删除标记、按 Reset 键可重设水平位置。

4）触发系统控制区。其操作主要用于触发模式的设置。LEVEL 旋钮用于触发准位的选取，可上下移动触发准位；MENU 键为示波器捕获波形的触发条件及模式选择键。通过功能键的菜单可选择触发的类型（边沿、视频、脉冲）、触发信号源（CHI、CH2、Line AC 信号、Ext 外部触发输入信号）、斜率（上升沿、下降沿）、耦合（AC、DC）及方式（自动、

11

单次、正常）等条件及模式；SINGLE 键用来选择单次触发模式；FORCE 键用于无论此时触发条件如何，获取一次输入信号。

5）增减数值区。此区域只有一个 VARIABLE（增减数值）旋钮，用于对设定量增大或减小数值，或移至下一个或上一个参数。

6）菜单选择区。按下此区任一选择按键，屏幕右侧会出现相应的功能菜单，通过功能键可选定相应的功能。其中，Acquire 键用于设置获取模式，获取模式可设置为普通、平均、峰值检测、取样率；Display 键用于屏幕显示设置，可设置类型（点、矢量）、波形保持、波形更新、亮度对比（可利用增减数值旋钮调节）、坐标格线显示形式；Utility 键用于设置 Hardcopy（硬拷贝）功能、显示系统状态、选择菜单语言、运行自我校准、设置探棒补偿信号及选择 USB host 类型；Help 键用于显示帮助内容；Cursor 键用于运行光标测量，可调节设置水平、垂直光标（利用增减数值旋钮），以便测量；Measure 键用于设置和运行自动测量，测量量可选取峰-峰值、平均值、频率、占空比、上升时间；Save/Recall 键用于存储和调取图像、波形或面板设置；Hardcopy 键用于将图像、波形或面板设置存储至 USB，或从 PictBridge 兼容打印机直接打印屏幕图像。

7）执行按键区。执行按键区有 Autoset（自动设置）和 Run/Stop（运行/停止）两个按键。Autoset 键用于根据输入信号自动进行水平、垂直及触发设置，使输入信号自动调整到面板最佳视野处；Run/Stop 键用于运行或停止触发，使波形运行或停止。

数字式双踪示波器使用时，主要步骤如下：首先，激活输入通道（按 CH1 键或 CH2 键，根据需要再按 MATH 键选择显示方式），通道指示灯显示在屏幕左侧，并根据需要选择触发模式；然后，按 Autoset 键进行自动设置，将输入信号自动调整到面板最佳视野处；再进行垂直系统和水平系统的调整；最后，读取波形参数或按 Measure 键来自动测量输入信号，屏幕右侧菜单栏会显示并持续更新测量结果。

1.3 电工电子测量方法

电工电子测量就是借助于电工电子测量仪器、仪表对电路的参数、电量及信号特性等进行测量，并按一定的方法得到测量结果。由于测量性质的不同，使用的仪器设备的不同，以及测量结果获取方式的不同，测量方法和手段也不同。实际测量中，要注意安全，掌握故障检测方法，并能进行正确的数据分析。

1.3.1 电工电子测量的常用方法

电工电子测量中常用的测量方法有以下几种。

1. 直接测量法

直接测量，就是直接从测量的实测数据中得到测量结果的方法。例如，用电流表测电流，用电压表测电压，用欧姆表测电阻等。直接测量法具有简便、读数迅速等优点。但是，其测量结果一方面取决于所选测量仪器、仪表的量程、阻抗、准确度等级等；另一方面，测量仪器、仪表接入被测电路后，可使被测电路的工作状态发生改变，也会影响测量结果，因而直接测量法的测量准确度不高。

2. 间接测量法

间接测量，就是通过测量与被测量有关的量，然后通过计算得出被测量。一般间接测量法比直接测量法的误差要大。下面给出几种间接测量的例子。

（1）伏安法测线性有源二端网络等效电阻。线性有源二端网络输出电压与电流间的关系特性称为这个网络的外特性（伏安特性），即 $U=f(I)$。用图 1-9 所示的电路测出网络在不同负载下的电压和电流，就能得到网络的伏安特性曲线，如图 1-10 所示，是一条直线。这与其等效的电压源的伏安特性（$U=U_0-IR_0$）相同。根据伏安特性曲线求出斜率 $\tan\varphi$，则等效电阻 R_0 为

$$R_0 = \tan\varphi = \frac{\Delta U}{\Delta I}$$

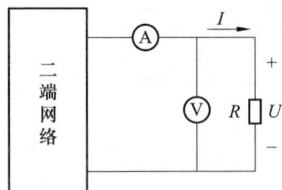

图 1-9 伏安特性测试电路   图 1-10 伏安特性曲线

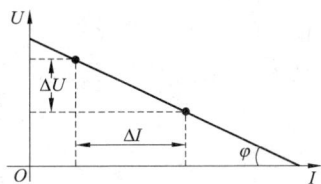

（2）两次电压法测线性有源二端网络等效电阻。两次电压法测量电路如图 1-11 所示，第一次测量 AB 端的开路电压 U_0，第二次在 AB 端接已知电阻 R_L（负载电阻），测量此时 A、B 端的负载电压 U，则 A、B 端之间的等效电阻 R_0 为

$$R_0 = \left(\frac{U_0}{U} - 1\right)R_L$$

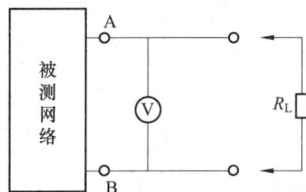

图 1-11 两次电压法测量电路

若负载电压正好为被测网络开路电压的一半，负载电阻 R_L 的大小与有源二端网络的等效内阻值 R_0 的大小相同。

（3）串联电阻法测量放大电路的输入电阻。放大电路的输入电阻指从放大电路输入端看入电路，放大器所呈现出的等效电阻 r_i，其计算公式为

$$r_i = \frac{U_i}{I_i}$$

式中：U_i 为加到放大电路输入端的电压有效值；I_i 为流入输入端的电流有效值。

由于 I_i 一般比较小（微安级），若不具备高灵敏度的交流电流表，可采用"串联电阻法"对其进行测量。其测量电路如图 1-12 所示。在被测放大电路与信号源之间串入一个已知的标准电阻 R，信号源输出电压为 u_s，放大电路得到的输入电压为 u_i'。只要测出电阻 R 两端的电压 U_R 及 U_i' 就可求出 r_i，即

$$r_i = \frac{U_i'}{I_i'} = \frac{U_i'}{U_R/R} = \frac{U_i'}{U_R}R$$

另需说明，要直接用交流毫伏表测量 R 两端的电压是困难的，因为 R 两端不接地，使得测试仪器和放大器没有公共地线，干扰太大，不能准确测试。为此，通常是直接测出 R

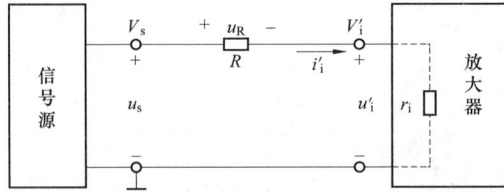

图 1-12 串联电阻法测量输入电阻电路

两端对地的电压即电位值 V_s 和 V'_i 来计算 r_i，由图 1-12 可求出

$$r_i = \frac{U'_i}{U_s - U'_i}R = \frac{V'_i}{V_s - V'_i}R$$

在具体测试过程中，还必须注意两点：第一，已知标准电阻不宜选得过大或过小，否则将使测试误差加大，通常应选取 R 与 r_i 为同一数量级；第二，U'_i 不应取得过大，否则将使晶体管工作在非线性状态，从而使测试不准，一般取 $U'_i = U_i$ 为宜。因此，要用示波器监视被测放大电路的输出波形，应在不失真条件下测试。信号频率应选在所需工作频率上。

3. 比较测量法

比较测量法就是将被测量与标准量在比较仪器中直接比较，从而获得测量结果。常用的比较测量法有以下三种。

（1）零示法。零示法是利用被测量与已知或参考量对测量仪器、仪表的相互作用，使测量仪器、仪表的示值为零，此时被测量与已知量或参考量相等，从而得到被测量的大小。零示法的准确度取决于测量仪器、仪表的准确度及灵敏度。

例如，在测量具有高内阻有源二端网络的开路电压时，用电压表进行直接测量会产生较大的误差。为了消除电压表内阻的影响，往往采用零示法。零示法则量电路如图 1-13 所示。

其测量原理是用一低内阻的稳压电源与被测有源二端网络进行比较，当稳压电源的输出电压与有源二端网络的开路电压相等时，电压表的读数将为"0"，然后将电路断开，测量此时稳压电源的输出电压，即为被测有源二端网络的开路电压。

（2）较差法。较差法是利用被测量与已知量的差值作用于测量仪器、仪表，从而实现测量目的的一种方法。较差法有着较高的测量准确度。

例如，为测量出直流稳压电源由于电网或负载的变化而引起的输出电压的微小变化量，若无多位的数字电压表，可用较差法来测量。较差法测量电路如图 1-14 所示。图中，E 是一个标准电源，$E = U_0$。当稳压电源有一微小变量时，利用电压表的毫伏挡便可测出。

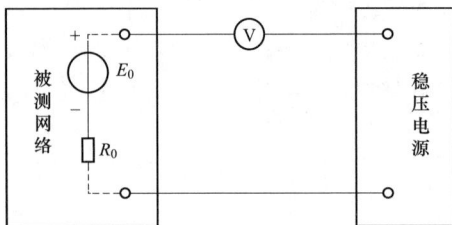

图 1-13 零示法测量电路

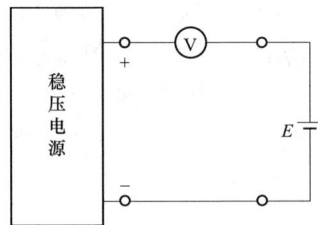

图 1-14 较差法测量电路

（3）替代法。替代法是利用已知量代替被测量，并使测量仪器、仪表的示值不变，这时被测量就等于已知量，从而获得了测量结果。其准确度主要取决于已知量的准确度及测量装置的灵敏度。

例如，测量放大电路的输入电阻时就可采用这种方法。其测量电路如图1-15所示。当开关 S 置于位置"1"时，读出交流电压表读数；再将开关 S 置于位置"2"，调节 R_P，使交流电压表读数不变，这时 R_P 的阻值即为输入电阻 r_i 的大小。电压的测量也可以采用示波器。

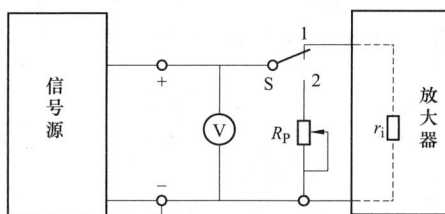

图1-15 替代法测量输入电阻电路

1.3.2 测量中的安全手段及故障检测

1. 安全手段

测量中，为确保人身安全和设备安全，必须严格遵守安全操作规程，切忌麻痹大意。

（1）连接线路测量时，不随意接通电源；不触及带电部分。严格遵守"先接线后通电"，"先断电后拆线"的操作顺序。

（2）使用电子仪器时，应先熟悉仪器的使用方法，了解各种旋钮的作用；使用仪表时，应选择适当量程；使用电机与电气设备时，应符合其铭牌上的额定值。

（3）分压器、调压器等可调设备的起始位置要放在最安全位置，仪表挡位、量程、指零应先调好。

（4）发现异常现象（设备发热，发出焦味，电动机转动声音不正常，以及电源短路熔断器熔断发出响声等），应立即断开电源，然后对其进行检查处理，以免故障面进一步扩大。

（5）注意仪器设备的规格、量程和操作规程。不了解性能和用法时，不得使用该设备。

（6）搬动仪器设备时，必须双手操作，轻拿轻放。

2. 故障检测

在电工电子实验及测量中，会遇到各种各样的故障现象，为确定检测手段与方法，就要判断故障性质，分析故障原因，从而排除故障。

故障性质通常分为破坏性故障和非破坏性故障。破坏性故障指故障出现时会有打火、冒烟、发声、发热等现象，会对器件、电路或仪器、仪表造成永久性损坏。一旦发生此类故障，应立即断开电源，以防故障面扩大；非破坏性故障指故障改变了电路原有功能，只影响测量结果，不会对器件、电路或仪器、仪表造成损坏。

常见的故障原因：仪器设备故障，指仪器设备自身存在故障或仪器设备使用错误；器件故障，指选错了器件或器件参数；线路连接故障，指存在错误接线，导致原电路结构发生改变；操作故障，指未正确使用仪器、仪表或采用了错误的测量方法。

为排除故障，故障的检测可采用以下方法和手段。

（1）根据故障现象，分析故障原因，确定故障位置，从而有针对性地进行故障的检测与排除。

（2）发生破坏性故障时，一定要在断电情况下检查。查找到电路的损坏部分后，进而仔细检查线路的连接、器件的参数等。

（3）断电检测。断开故障电路电源后，通过测量电阻的方法，检查电路是否存在开路及短路的地方；某部分电路、器件的电阻值是否发生了改变；电容、二极管是否被击穿等。

（4）通电检测。此方法只适用于非破坏性故障。接通电路电源，有时可加上输入信号，从电源或信号源开始逐点向后通过测量结点电位或支路电流，逐步查找故障。

1.4 测量误差的相关知识

用仪器、仪表对某一被测量进行测量时，由于受到测量仪器、仪表准确度、测量方法、测量条件及手段等因素的影响，不可避免地使测量结果与被测量的真值存在一定的偏差，这个偏差就称为误差。

1.4.1 测量误差的表示法

1. 绝对误差

测量值与真值之间的差值称为测量的绝对误差，如用 A_X 表示测量结果，A_o 表示被测量的真值，则绝对误差 Δ 可表示为

$$\Delta = A_X - A_o$$

真值是客观存在的，但又是难以得到的。这里的真值指人们设法采用各种可靠的分析和处理方法得到的相对意义上的真值。

2. 相对误差

用绝对误差无法比较不同测量结果的准确度，于是人们用测量值的绝对误差 Δ 与被测量的真值 A_o 的比值来评价，并称之为相对误差。相对误差通常以百分数 γ 来表示，即

$$\gamma = (\Delta / A_o) \times 100\%$$

因为 A_o 难以获得，所以有时用 A_X 来代替 A_o，则有

$$\gamma = (\Delta / A_X) \times 100\%$$

而绝对误差可以根据测量仪表的修正值、准确度及理论计算等来得到。

3. 引用误差

相对误差虽然可以用来表示测量结果的准确度，但若用来表示指示仪表的准确度则不太合适。因为指示仪表用来测量某一规定范围（通常为量限或量程）内的被测量，而不是只测量某一固定大小的被测量。当仪表用来测量不同大小的被测量时，因为 γ 表达式中的分母 A_o 不同，相对误差也随之不同（通常同一块仪表的绝对误差 Δ 基本不变），所以用相对误差来衡量仪表的性能是不方便的。例如，一个测量范围为 0～250V 的电压表，在刻度 200V 处的基本误差为 2V，相对误差为 1%（设没有附加误差）；而在刻度 100V 处的基本误差也是 2V，这时相对误差变成了 2%。因此，通常用引用误差来衡量仪表的准确度。引用误差用仪表的绝对误差与其量程比值的百分数来表示，即

$$\gamma_n = (\Delta / A_m) \times 100\%$$

式中：γ_n 为仪表的引用误差；Δ 为仪表的绝对误差；A_m 为仪表的量程。

1.4.2　测量误差的分析

1. 测量误差的分类

任何一种测量总存在一定的测量误差，为了得到良好的测量结果，必须尽量减小各种误差。为此，应该了解测量误差的分类、性质和产生的原因。测量（包括各种物理量的测量）误差可分为系统误差、随机误差和疏失误差三类。

（1）系统误差。在相同的测量条件下，多次测量同一个量时，大小和符号保持恒定或按一定规律而变化的误差即为系统误差。例如，用质量不准的天平砝码称物，必然产生恒定的误差；用不准的米尺量布，布越长，误差的积累就越多。这些都是系统误差。

系统误差产生的原因有以下几方面。

1）工具误差：由于测量时所用的量具、仪器、仪表本身的不完善而引起的误差。例如，用量程为 150V 的 0.5 级电压表测量 100V 的电压时，测量误差可能达到 0.75%，这就是工具误差。

2）外界因素影响误差：偏离正常工作条件进行测量时引起的误差，如温度、电磁场、位置等不合要求引起的误差。

3）方法误差（或理论误差）：由于测量方法不完善或测量所依据的理论不充分而引起的误差。例如，用电压表和电流表测量时，如不考虑仪表本身的内阻，则所测得的值中便含有方法误差。

4）人员误差：由于测试人员的感官、技术水平、习惯等个人因素引起的误差。

为了进行准确的测量，在测量前必须预先估计各种可能产生系统误差的因素，并设法将其消除。

（2）随机误差。由一些随机因素引起的误差即为随机误差。例如，电磁场的微变、热起伏、空气扰动、大地微震、测量人员的心理或生理的某些变化等。

随机误差有时大，有时小，有时正，有时负，无法消除。但在同样条件下，对同一量进行多次测量，可以发现随机误差是服从统计学规律的。因此，只要测量次数足够多，随机误差对测量结果的影响就是可知的。

（3）疏失误差。疏失误差主要是由测量者的疏忽造成的，这种误差是可以避免的，如读数错误，记录错误，测量时发生异常情况未予以注意等。若出现这种误差，应该舍弃有关数据或者重新测量。

在科学测量中，测量的目的就是尽可能达到真值。为了实现既准确又精密的测量，依据测量误差产生的原因，必须采取以下措施。

1）避免疏失误差，舍弃含有疏失误差的数据。

2）消除系统误差。

3）进行多次重复测量，取算术平均值，以削弱随机误差的影响。

2. 直接测量中误差的估计

进行一般的工程测量时，只需对被测量进行一次测量，就可得到结果，无须进行计算，这种测量方法称为直接测量。此种情况主要考虑系统误差，随机误差通常忽略不计。直接测量中需考虑的误差如下：

（1）所有仪表的基本误差。若在测量中用的是 a 级仪表，其量程为 A_m，则读数为 A_X 时，测量结果的最大相对误差 γ 为

$$\gamma = \pm (a\% \times A_m/A_X) \times 100\%$$

（2）仪表在非规定条件下工作时引起的附加误差。

例如，温度每偏离规定温度 10℃ 而产生的附加误差大约等于仪表的基本误差。再如，电磁仪表，当其频率偏离规定值 ±10% 时，所产生的附加误差大约等于仪表的基本误差。这些在国家标准中都有具体的规定。

（3）由于测量方法不当而引起的误差。

【例 1-2】 用量程为 30A、准确度等级为 1.5 级的电流表，在 30℃ 的室温下测量 $I = 10A$ 的电流，试估计其测量误差。

【解】 基本误差为

$$\gamma = \pm (0.015 \times 30/10) \times 100\% = \pm 4.5\%$$

因为仪表的使用温度比规定温度 (20±2)℃ 的上限高出 8℃，此时产生的误差约为基本误差 ±4.5% 的 80%，所以附加误差为 ±4.5%×80% = ±3.6%。

总的测量误差为基本差误与附加误差之和，即为 ±8.1%。

3. 间接测量中误差的估计

采用间接测量法时，间接测量的误差结果可由直接测量的误差按一定的公式计算出来，称为误差的传递。例如，通过测量某电压 U 和电流 I，再用公式 $R = U/I$ 决定电阻时，只要能够知道 U 和 I 的直接测量误差，就不难计算出所测电阻的误差。

以下给出在间接测量中几种常见的合成相对误差的计算公式。

（1）相加：$y = x_1 + x_2 + x_3$。间接测量时的合成相对误差为

$$\gamma = \Delta y/y = (x_1/y)\gamma_{x_1} + (x_2/y)\gamma_{x_2} + (x_3/y)\gamma_{x_3}$$

设 $\gamma_{x_2} > \gamma_{x_1} > \gamma_{x_3}$，则

$$\gamma = (x_1/y)\gamma_{x_1} + (x_2/y)\gamma_{x_2} + (x_3/y)\gamma_{x_3} < [(x_1 + x_2 + x_3)/y]\gamma_{x_2} = \gamma_{x_2}$$

可见，相加的合成相对误差中，最大的那个局部相对误差起主要作用，且合成相对误差不会大于局部相对误差中的最大者。

（2）相减：$y = x_1 - x_2$。间接测量时的合成相对误差为

$$\gamma = \Delta y/y = (x_1/y)\gamma_{x_1} - (x_2/y)\gamma_{x_2}$$

可见，当 x_1 与 x_2 的测量值很接近时，y 很小，此时，即使各量的局部误差都很小，合成误差仍可能很大，所以要避免两个相差很少的量进行相减运算。

（3）相乘：$y = x_1 x_2$。间接测量时的合成相对误差为

$$\gamma = \Delta y/y = \Delta x_1/x_1 + \Delta x_2/x_2 = \gamma_{x_1} + \gamma_{x_2}$$

（4）相除：$y = x_1/x_2$。间接测量时的合成相对误差为

$$\gamma = \Delta y/y = \gamma_{x_1} - \gamma_{x_2}$$

（5）乘方：$y = x^2$。间接测量时的合成相对误差为

$$\gamma = \Delta y/y = 2\gamma_x$$

可见，乘方时，合成误差比局部相对误差增大一倍。

"误差"理论在测量中占有重要的位置。因为一个完整的测量必须包括测量数据和测量

误差两个部分。只有测量数据而不知其误差，那么这个数据的可靠性就无法确定。例如，测量得某电压为 100V，若又知其相对误差为 ±1%，那么这个测量结果是比较准的；若其相对误差达到 ±50%，那么这个测量数据就没有意义了。

1.5　测 量 数 据 的 表 示

1.5.1　测量结果的表示

测量结果的最后表示应包括示值和基本误差两部分。

1. 示值

对于指针式仪表，示值 = DIV（直接读数）× C_α（仪表常数）。其中，直接读数指仪表指针所指示的标尺值，通常以 DIV（格）为单位，读取数据时要求估读一位欠准数字。仪表常数指仪表标尺每格代表被测量的大小，有时也称刻度系数，用 C_α 表示，其计算公式为

$$C_\alpha = A_m / X_m$$

式中：A_m 为仪表量程；X_m 为仪表满刻度格数。

注意：示值的有效数字位数应与直接读数的有效数字位数相同。例如，直接读数为 25.6DIV，$C_\alpha = 0.8$mA/DIV，则示值为 25.6DIV×0.8mA/DIV ≈ 20.5mA。

对于数字式仪表，仪表上的示值即为测量结果，无须换算。数字式仪表所显示数据的最后一位一般为欠准数据。

2. 示值的基本误差

示值的基本误差（ΔX）：由仪表的准确度决定。最大基本误差（ΔX_m）指由于仪表不精确在满量程指示时产生的误差。仪表准确度等级（α）即常说的仪表准确度，其定义为

$$\Delta X_m / A_m \leqslant \alpha\%$$

式中：A_m 为仪表量程。

仪表在某一挡位下测得示值的基本误差 ΔX 有

$$\Delta X \leqslant \Delta X_m \leqslant A_m \alpha\%$$

例如，仪表准确度 2.5 级，使用挡位为 25V，则示值最大基本误差 $\Delta X_m \leqslant 0.625$V。

3. 测量结果

测量结果往往表示为：$X \pm A_m \alpha\%$。如上例，设测得 $U = 18.2$V，则应表示为 $U = (18.2 \pm 0.625)$V，在工程测量中，误差的有效数字一般只取一位，即表示成 0.6V，所以完整的实验测量结果应表示成 $U = (18.2 \pm 0.6)$V。注意：虽然在数据表中，该测量结果写成 18.2V 即可，但应该知道，没有误差的示值是没有意义的。

1.5.2　测量数据的表示方法

测量数据的表示方法有两种，即表格法和图形法。表格法是将测量结果填写在一个表格中，以反映各种测量数据；图形法根据测量的几组数据在坐标图中画出其变化曲线，从而反

映出数据的变化规律，并可找到所需数据。

表格法形式紧凑，数据便于比较。完整的表格应包括序号、名称、项目及数据来源。数值的写法应整齐、统一，除照顾有效数字外，上下小数点应对齐。

图形法形象、直观。作图分画点和连曲线两步。注意：要用合适的坐标纸，并标注名称。不同曲线采用不同记号并加以简洁说明，曲线两头要自然延伸。

所有表格法和图形法表示的测量值的量纲必须明确，无量纲的测量值没有意义。

第 2 章 电 路 基 础 实 验

2.1 常用电工电子测量仪器、仪表的使用

2.1.1 实验目的

（1）学习使用电压表、电流表、万用表及示波器等几种常用电工电子测量仪表与仪器。

（2）通过测量认识线性电阻、非线性电阻及电源的伏安特性。

（3）验证并加深理解基尔霍夫定理、电位的概念。

（4）学习信号波形的观测方法。

（5）熟悉电气测量中误差的计算方法。

2.1.2 预习要求

（1）阅读第 1 章，重点了解电压表、电流表、万用表及示波器等常用电工电子仪表与仪器的正确使用方法，并学习实验误差的计算方法，以及了解电工电子测量的手段与方法、安全规程及应注意的问题。

（2）回顾线性电阻及二极管的伏安特性、基尔霍夫定律及电位的概念，并计算出图 2-6 中的各电流、电压值，将结果填入表 2-7、表 2-8 中。

2.1.3 实验原理与说明

电工电子测量是电工电子技术实验中不可缺少的一个重要环节。其主要任务是测量电流、电压、电功率和元器件参数等各种电气量，以获得所需的技术参数。而正确使用各种电工电子测量仪表与仪器是完成全部实验的基础。本次实验通过对线性电阻、非线性电阻、电源的伏安特性的测量，基尔霍夫定律的验证及电位的测量，以及信号波形的观测，熟悉几种常用电工电子测量仪表与仪器的使用。

1. 伏安特性

伏安特性是电路元器件上电压与电流的关系特性，是认识和使用元器件的基础。元器件的伏安特性可以利用电压表和电流表测定。

线性电阻元件的阻值是一常数，满足欧姆定律，其伏安特性曲线是通过原点的一条直线，如图 2-1（a）所示；非线性电阻的阻值取决于加在其两端的电压和流过的电流的大小和方向，阻值是一个变量，本实验中，非线性电阻取用普通二极管，其伏安特性曲线如图 2-1（b）所示。

实际电源均具有内阻，其输出电压与电流是线性关系，直流电源的伏安特性曲线是一条直线，且其斜率取决于内阻的大小。实际电压源的伏安特性曲线如图 2-2（a）所示，其内阻越小，输出电压越稳定；实际电流源的伏安特性曲线如图 2-2（b）所示，其内阻越大，输出电流越稳定。

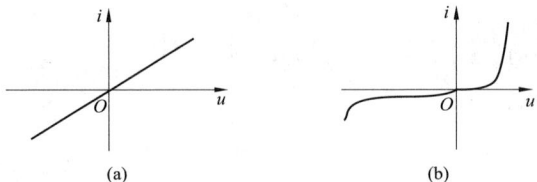

图 2-1　线性电阻及二极管的伏安特性曲线　　　　图 2-2　实际直流电源的伏安特性曲线
（a）线性电阻的伏安特性曲线；（b）二极管的伏安特性曲线　　　　（a）实际电压源的伏安特性曲线；
　　　　　　　　　　　　　　　　　　　　　　　　　　　　（b）实际电流源的伏安特性曲线

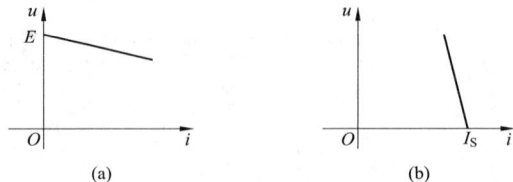

2. 基尔霍夫定律

基尔霍夫定律是电路分析的重要定律，分为基尔霍夫电流定律（KCL）和基尔霍夫电压定律（KVL）。KCL 反映了电路结点上电流的约束关系，即 $\sum i_k = 0$；KVL 反映了电路回路中各部分电压的约束关系，即 $\sum u_k = 0$。运用基尔霍夫定律时，要注意各支路电流的参考方向或回路的循行方向。

3. 电位的概念

电路中各点的电位是相对于参考点而言的，参考点定义为零电位点，其他各点的电位就是其与参考点之间的电压。原则上参考点可以任意选取，随着参考点的改变，各点电位相应改变。

4. 典型信号的观测

常用的典型信号包括正弦波信号和矩形波信号，两者都是周期性信号。正弦波信号常用于模拟电路，矩形波信号常用于数字电路。实验中，两者都可以利用信号发生器产生。实际测量中，主要测量正弦波的周期（或频率）及幅值（或有效值），以及矩形波信号的幅值、周期及脉冲宽度，具体测量可由示波器来完成。

2.1.4　实验仪器及设备

实验仪器及设备见表 2-1。

表 2-1　　　　　　　　　　　　　　实 验 仪 器 及 设 备

名　称	型号或使用参数	数　量
直流电源供应器	GPD-3303	1 台
数字万用表	VC890D	1 块
数显式直流电压电流表	0~50V，0~100mA	1 台
电工技术实验装置	SBL-2	1 台
双踪示波器	GDS-1000	1 台
任意波形信号发生器	AFG-2225	1 台

2.1.5　注意事项

（1）在启动实验用电源之前，应使直流稳压电源及恒流源的输出旋钮置于零位，实验时再缓缓地增、减输出。

（2）使用各电气仪表测量直流量时，要正确选择表的极性，记录时要标出正、负号。

（3）稳压源的输出不允许短路，恒流源的输出不允许开路。

（4）正确选择万用表挡位，不能带电测电阻。

（5）使用信号发生器、示波器时，要进行可靠的共地连接。

（6）改接线时，要断开电源，避免带电操作。

2.1.6　实验内容与步骤

1. 测量电阻阻值

实验前要先熟悉实验仪器与设备。实验面板上的连接线插孔是自锁紧式插孔，连接线的插头可叠插使用，连接线从插口中拔出时要注意不能直拉导线。

测量电阻值：用万用表的不同欧姆挡测出几种电阻模块的各电阻值，明确所选的量程挡位，并计算相对误差，将数据记入表 2-2 中。注意万用表使用前或换挡后应先调零。

表 2-2　　　　　　　　　　　　　　电阻阻值的测量

电阻值（Ω）	330	100	51	10
实测电阻值（Ω）				
选择量程				
相对误差				

2. 测量线性电阻元件的伏安特性

（1）在实验用 9 孔插件方板上按图 2-3 接线，取 $R_L = 51\Omega$，U_S 由直流电源供应器提供，先将稳压电源输出电压旋钮置于零位。

（2）调节稳压电源输出电压旋钮，使电压 U_S 分别为 0、1、2、3、4、5、6、7、8V，并测量对应的电流值和负载 R_L 两端的电压 U，将数据记入表 2-3 中。然后，断开电源，将稳压电源输出电压旋钮置于零位。

（3）根据测得的数据，绘制出 $R_L = 51\Omega$ 电阻的伏安特性曲线。

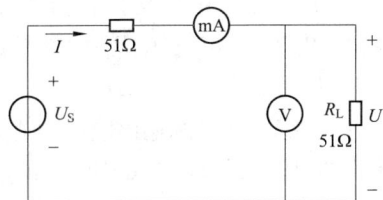

图 2-3　线性电阻元件的测量电路

表 2-3　　　　　　　　　　　　　电阻元件伏安特性的测量

U_S（V）	0	1	2	3	4	5	6	7	8
I（mA）									

U (V)								
$R_L = U/I$ (Ω)								

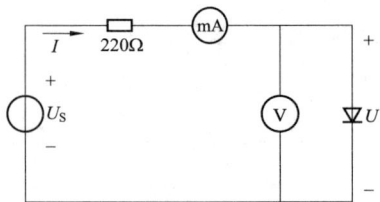

图 2-4　二极管的测量电路

3. 测量二极管的伏安特性

（1）将稳压电源输出电压旋钮置于零位，在实验用 9 孔插件方板上按图 2-4 接线，图中电阻为限流电阻。

（2）调节稳压电源输出电压旋钮，使电压 U_S 分别为表 2-4 中给出的数据，测量对应的电流值和二极管两端的电压 U，将数据记入表 2-4 中。

表 2-4　　　　　　　　　　　　二极管的正向伏安特性

U_S (V)	0.1	0.3	0.4	0.5	0.6	0.7	0.8	1.0	1.2
I (mA)									
U (V)									

（3）对调两根电源线，使稳压电源输出电压 U_S 分别为表 2-5 中给出的数据，测量对应的电流值和二极管两端的电压 U，将数据记入表 2-5 中。然后，断开电源，将稳压电源输出电压旋钮置于零位。

表 2-5　　　　　　　　　　　　二极管的反向伏安特性

U_S (V)	0	-0.5	-1	-3	-5	-10	-15	-20	-25
I (mA)									
U (V)									

（4）根据测得的数据，绘制出二极管的伏安特性曲线。

4. 测量直流电压源的伏安特性

（1）在实验用 9 孔插件方板上按图 2-5 接线，将直流稳压电源 U_S 与电阻 R_0（取 51Ω）相串联来模拟实际直流电压源，取 $R = 100Ω$。

（2）将稳压电源输出电压调节为 $U_S = 10V$，改变电阻 R_L 的值，使其分别为表 2-6 中给出的数据，测量其相对应的实际电压源端电压 U 和电流 I，将数据记入表 2-6 中。

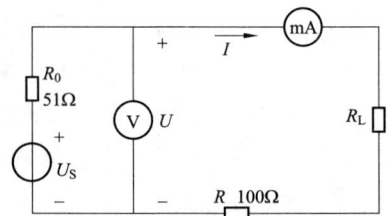

图 2-5　直流电压源的测量电路

表 2-6　　　　　　　　　　　　直流电压源的伏安特性

R_L (Ω)	330	220	100	51	10	1	∞
I (mA)							
U (V)							

（3）将图 2-5 中的电流表由电压表的右侧改接至电压表的左侧，重复上述实验过程。

（4）绘制上述两种测量结果的电压源伏安特性曲线，分析电流表、电压表的内阻对测量结果的影响。

5. 验证基尔霍夫定律

（1）在实验用 9 孔插件方板上按图 2-6 所示实验电路接线。两路输出直流稳压电源分别取 $E_1 = 10V$，$E_2 = 15V$。

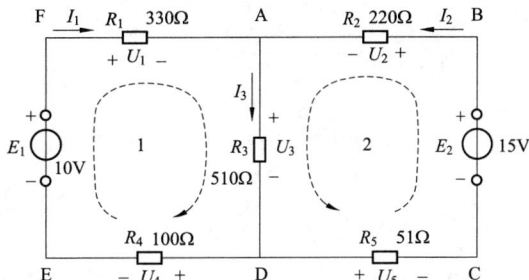

图 2-6　基尔霍夫定律实验电路

（2）根据实验电路中标明的支路电流及电阻端电压的参考方向，分别测出各支路电流及各电阻端电压，将数据填入表 2-7 中。

（3）将实验中的测量值与理论计算值进行比较，计算相对误差，并分析误差原因。

（4）选定结点 A，验证 KCL 的正确性。

（5）分别选取回路 1、回路 2，验证 KVL 的正确性。

表 2-7　　　　　　　　　　　　　　　基尔霍夫定律的验证

被测量	电流（mA）			电压（V）				
	I_1	I_2	I_3	U_1	U_2	U_3	U_4	U_5
测量值								
计算值								
相对误差								
定律验证								

6. 测量电位

（1）将图 2-6 所示实验电路中的 A 点选为参考点，测量其他各点电位，将数据填入表 2-8 中。测量时，将万用表的黑表笔固定于 A 点。

（2）再将图 2-6 所示实验电路中的 D 点选为参考点，测量其他各点电位，将数据填入表 2-8 中。测量时，将万用表的黑表笔固定于 D 点。

表 2-8　　　　　　　　　　　　　　　电 位 的 测 量

参考点	A					D				
被测量	V_B	V_C	V_D	V_E	V_F	U_A	U_B	U_C	U_E	U_F
测量值（V）										
计算值（V）										
相对误差										

7. 观测典型信号

（1）在实验用 9 孔插件方板上，分别将信号发生器的输出、示波器的输入接至一个

220Ω 电阻的两端。注意要进行共地连接。

（2）启动信号发生器，将信号发生器的正弦输出信号调至频率 $f = 1\text{kHz}$、幅值 $U_m = 1\text{V}$，进行输出。

（3）启动示波器，激活输入通道，观测信号的波形，将测量参数填入表 2-9 中。

（4）将信号发生器调整为频率 $f = 1\text{kHz}$、幅值 $U_m = 1\text{V}$ 的矩形波信号，将测量参数填入表 2-9 中。

表 2-9　　　　　　　　　　　　　　　典型信号的观测

被测波形	正弦波				矩形波			
被测量	周期 （s）	频率 （Hz）	幅值 （V）	有效值 （V）	周期 （s）	频率 （Hz）	脉冲宽度 （s）	幅值 （V）
测量值								

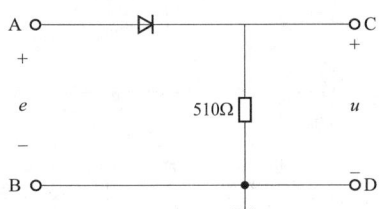

图 2-7　二极管电路波形的测量电路

8. 观测二极管电路的波形

（1）连接图 2-7 所示实验电路，A、B 端接信号发生器的输出，C、D 端接示波器的输入。

（2）将信号发生器的正弦输出信号调至频率 $f = 100\text{Hz}$、幅值 $U_m = 5\text{V}$，在 A、B 端进行信号输入。

（3）利用示波器观测 C、D 端的信号波形，绘出信号波形，给出频率和幅值。

2.1.7　实验报告要求

（1）根据测量结果，在实验报告中画出电阻、二极管及电压源的伏安特性曲线。分析电流表、电压表的内阻对测量结果的影响。

（2）完成记录表格中要求的计算值及相对误差的计算，并分析误差原因。

（3）验证 KCL、KVL 的正确性。

（4）说明电位与参考点的关系。

（5）根据观测结果绘出典型信号、二极管电路的波形，要求标示出周期、幅值、脉冲宽度等参数。

（6）回答下面的思考题。

2.1.8　思考题

（1）使用万用表测量电阻时，应注意些什么问题？万用表测量结束后，转换开关应放在什么位置？

（2）电压表、电流表的内阻分别是越大越好，还是越小越好？为什么？

（3）信号发生器、示波器等电子仪器设备在使用时，应注意什么？

2.2　直 流 电 路 分 析

2.2.1　实验目的

（1）认识直流电路的特性、几种分析手段，进一步熟悉常用电工电子仪器仪表的使用。

（2）通过实验验证，加深理解用叠加定理、戴维南定理计算线性电路中电流、电压的正确性。

（3）学习电路等效参数的测量方法。

（4）认识一阶 RC 电路暂态响应过程的基本规律和特点。

（5）加强对微分电路、积分电路和耦合电路的认识。

2.2.2　预习要求

（1）熟悉叠加定理、戴维南定理的具体内容。

（2）用叠加定理计算出图 2-14 中各电流、电压值，并填入表 2-11 中。

（3）据实验电路图 2-15 所示的给定参数，用戴维南定理计算出 A、B 点左侧的有源二端网络的开路电压 U_0、等效电阻 R_0 和短路电流 I_S，填入表 2-13 中。

（4）回顾一阶电路的暂态分析及 RC 电路的响应特性。

（5）阅读第一章中有关电工电子测量方法的介绍，以及数字式示波器的使用介绍。

2.2.3　实验原理与说明

叠加定理、戴维南定理是线性电路的重要性质，也是分析线性电路的重要方法。而当直流电路中含有储能元件电容和电感时，由于 $i_C = C \dfrac{\mathrm{d}u_C}{\mathrm{d}t}$、$u_L = L \dfrac{\mathrm{d}i_L}{\mathrm{d}t}$，换路后会发生暂态响应，其时域响应可由微分方程求得。当所得到的微分方程为一阶微分方程时，响应的电路为一阶电路。一阶电路通常由一个储能元件和若干个电阻元件组成。

1. 叠加定理

叠加定理指在一个含有多个电源的线性电路中，任一支路中的电流（或任意两点间的端电压），都可以看成由各电源分别单独作用时，在该支路中产生的电流（或在该两点间产生的电压）的代数和。

应用叠加定理时，应注意某一电源单独作用，其他电源应视为零值（将各个理想电压源视为短接，理想电流源视为开路），但保留内阻；注意各独立电源单独作用时的分电路参考方向与原电路参考方向是否一致。

本次实验采用图 2-14 所示电路，测量出 E_1、E_2 单独作用时各支路的电流及两者共同作用时各支路的电流，就可验证叠加定理。因为本实验预先规定了参考方向，所以正确接入仪表后，从仪表的接法中就可判定电流的正负。

2. 戴维南定理

戴维南定理为求解一个二端网络对外电路的作用，提供了一种简捷的方法。即对于任意的线性有源二端网络，就其对外电路的作用而言，都可以用一个电动势为 E_0 和内阻为 R_0（相串联）的电压源来等效。其电动势 E_0 的值等于该二端网络的开路电压 U_0，内阻 R_0 的值等于把该二端网络所有电源置零（但保留其内阻）后该网络的入端电阻（等效电阻）。

3. 一阶 RC 电路的直流暂态响应

一阶 RC 电路的直流暂态响应可分为零状态响应、零输入响应及全响应，这些响应特性都是随时间按指数规律变化。

零状态响应是储能元件初始储能为零的情况下，电路在外施激励下的响应。对于电容而言，零状态响应的过程的实质是其充电过程。图 2-8（a）所示一阶 RC 电路中，在 $u_C = 0$ 的情况下，开关合向位置 1 与电源接通后，电容端电压随时间变化的规律为

$$u_C(t) = U_S(1 - e^{-\frac{t}{\tau}}) \quad (t > 0)$$

式中：τ 为时间常数，$\tau = RC$。

电容端电压 u_C 零状态响应波形如图 2-8（b）所示。

零输入响应是在无激励信号时，由储能元件的初始储能引起的响应。对于电容而言，零输入响应的过程的实质是其放电过程。图 2-8（a）所示一阶 RC 电路中，在 $u_C(0) \neq 0$ 的情况下，开关合向位置 2 与短接线接通后，电容端电压随时间变化的规律为

$$u_C(t) = U_0 e^{-\frac{t}{\tau}} \quad (t > 0)$$

式中：U_0 为电容的初始电压。

电容端电压 u_C 零输入响应波形如图 2-8（c）所示。

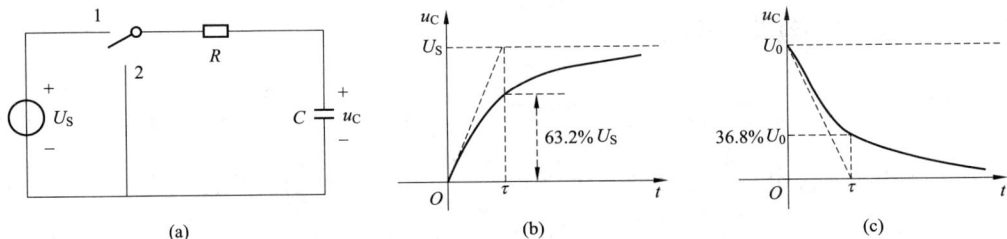

图 2-8　一阶 RC 电路图及其电容端电压的两种响应波形

（a）一阶 RC 电路；（b）u_C 零状态响应波形；（c）u_C 零输入响应波形

全响应是电路在非零初始状态和激励的共同作用下产生的响应。全响应可以看作零输入响应和零状态响应的叠加，此时电容端电压随时间的变化规律可表示为

$$u_C(t) = U_S + (U_0 - U_S) e^{-\frac{t}{\tau}} \quad (t > 0)$$

4. 一阶 RC 电路的方波响应

图 2-9 所示 RC 串联电路输入的矩形脉冲电压 u_i，可以看作按一定规律定时将图 2-8（a）所示的开关在 1、2 点切换闭合得到的输入信号，则电容可以看作不断地进行着充放电。从 u_i 的上升沿开始为电容的充电过程，从 u_i 的下降沿开始为电容的放电过程。

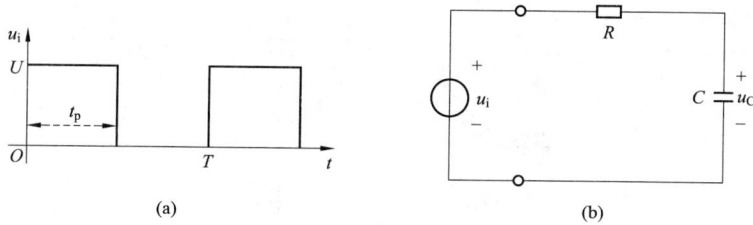

(a)　　　　　　　　　　　　(b)

图 2-9　矩形脉冲输入

（a）矩形脉冲信号；（b）脉冲输入电路

当矩形脉冲为方波，即 $t_p = \dfrac{T}{2}$ 时，如果脉冲宽度 $t_p > 5\tau$，可以认为在下一个上升沿或下降沿到达前，暂态过程已经结束。这时，电路的矩形脉冲响应可以看作零输入响应和零状态响应的不断转换，电容端电压的响应波形如图 2-10（a）所示。

图 2-10（b）给出的是脉冲宽度 $t_p < 3\tau$ 时的电容端电压的响应波形，在下一个方波的边沿到达前，前一个边沿所引起的暂态过程尚未结束。这时，电路的充、放电均未能达到稳态。

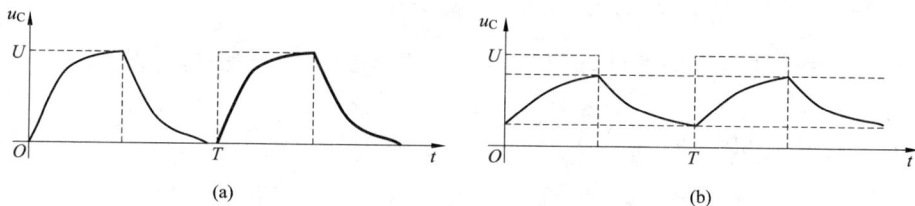

(a)　　　　　　　　　　　　(b)

图 2-10　一阶 RC 电路的方波响应波形

（a）$t_p > 5\tau$；（b）$t_p < 3\tau$

可见，方波响应特性取决于脉冲宽度 t_p 与时间常数 τ 的大小关系，随着二者大小关系的改变，电路的响应特性跟着改变。

（1）积分电路。图 2-9 所示 RC 串联电路接有方波信号时，如果满足 $\tau \gg t_p$ 的条件，则该电路就构成了积分电路。此时，输出电压 u_C 与输入电压 u_i 近似为积分关系，即 $u_C \approx \dfrac{1}{RC} \int u_i \mathrm{d}t$。

积分电路的响应波形为锯齿波，其波形如图 2-11 所示。

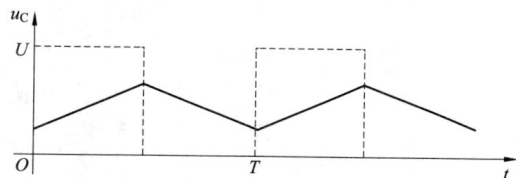

图 2-11　积分电路的响应波形

（2）微分电路。如果 RC 串联电路接有方波信号，并在电阻两端取输出，如图 2-12（a）所示，且满足 $\tau \ll t_p$ 的条件，则该电路就构成了微分电路。此时输出电压 u_o 与输入电压 u_i 近似为微分关系，即 $u_o \approx RC \dfrac{\mathrm{d}u_i}{\mathrm{d}t}$。

微分电路的输出波形为正、负交替的尖脉冲，其波形如图 2-12（b）所示。电子电路中常利用这种电路把矩形脉冲变换为尖脉冲。

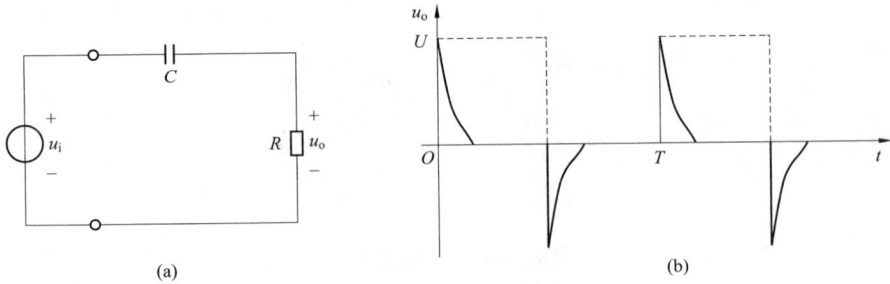

(a)

(b)

图 2-12 微分电路及其响应波形

（a）微分电路；（b）微分电路的响应波形

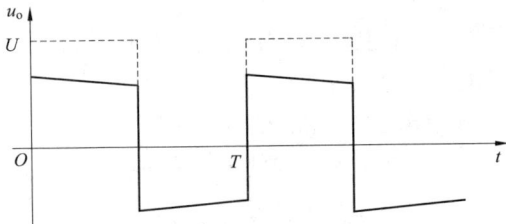

图 2-13 耦合电路的响应波形

（3）耦合电路。改变上述微分电路的参数，使 $\tau \gg t_p$，此时输出的不再是尖脉冲，而是与输入波形非常相似的波形，其波形如图 2-13 所示，这种电路就是 RC 耦合电路。

RC 耦合电路常用于模拟电路中多级交流放大电路的级间耦合，起沟通交流、隔断直流的作用。

本次实验采用的测量方法参见第 1 章中有关电工电子测量方法的介绍。

2.2.4 实验仪器及设备

实验仪器及设备见表 2-10。

表 2-10   实验仪器及设备

名　　称	型号或使用参数	数　　量
直流电源供应器	GPD-3303	1 台
数字万用表	VC890D	1 块
数显式直流电压电流表	0~50V，0~100mA	1 台
双踪示波器	GDS-1000	1 台
任意波形信号发生器	AFG-2225	1 台
电工技术实验装置	SBL-2	1 台

2.2.5 注意事项

（1）在启动实验用电源之前，应使直流稳压电源以及恒流源的输出旋钮置于零位，实验时再缓缓地增、减输出。

（2）使用各电气仪表测量直流量时要正确选择表的极性；记录时要标出正负号。

（3）稳压源的输出不允许短路，恒流源的输出不允许开路。

（4）要正确使用万用表。为了安全，每次测完，均应将其关断或将其旋钮置于交流电压最高挡，以免不慎误用电阻挡或电流挡去测电压，损坏仪表。

（5）改接线时，要断开电源避免带电操作。

（6）信号调整好后再让信号发生器输出信号，而换接信号时，要先停止信号发生器的输出，以免损坏信号发生器。

（7）信号发生器、示波器使用时，要与被测电路进行可靠的共地连接。

2.2.6　实验内容与步骤

1. 验证叠加定理

（1）在实验用 9 孔插件方板上按图 2-14 所示实验电路接线。取直流电源供应器两路输出分别为 $E_1 = 10V$，$E_2 = 15V$。

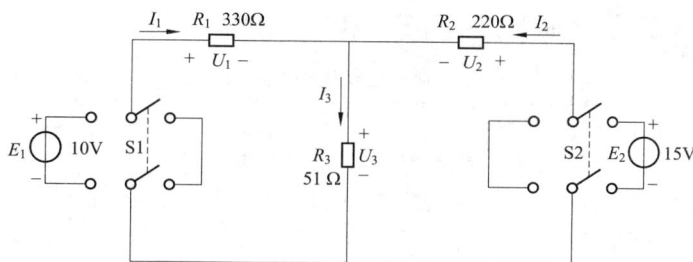

图 2-14　叠加原理实验电路

（2）根据实验电路中标明的支路电流及电阻端电压的参考方向，进行实验验证。

1）E_1 单独作用时，S1 合向电源，S2 合向短路线；E_2 单独作用时，S1 合向短路线，S2 合向电源。分别测出各支路电流及各电阻端电压，将数据填入表 2-11 中。

2）S1、S2 共同作用时，S1、S2 均合向电源。分别测出各支路电流及各电阻端电压，将数据填入表 2-11 中。

表 2-11　　　　　　　　　　　叠 加 定 理 的 验 证

参数	E_1 单独作用			E_2 单独作用			E_1、E_2 共同作用		
	测量值	计算值	相对误差	测量值	计算值	相对误差	测量值	计算值	相对误差
I_1（mA）									
I_2（mA）									
I_3（mA）									
U_1（V）									
U_2（V）									
U_3（V）									

（3）分析测量值是否满足叠加定理，记于实验报告中。

（4）将实验中的测量值与理论计算值进行比较，计算相对误差，并分析误差原因。

2．测量有源二端网络的伏安特性

（1）在实验用 9 孔插件方板上，连接图 2-15 所示的实验电路。

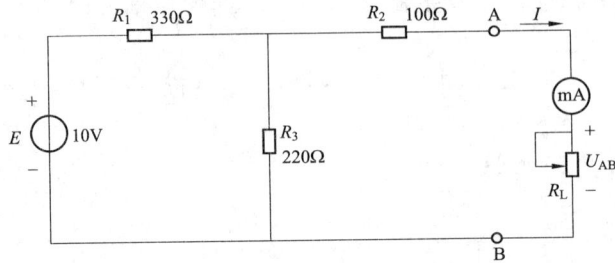

图 2-15　测量有源二端网络伏安特性的实验电路

（2）按表 2-12 的要求，调节电位器，分别测取几组电阻值作为负载电阻 R_L，测量相应的端电压值 U_{AB} 与电流值 I，将数据填入表 2-12 中。

表 2-12　　　　　　　　　　　有源二端网络伏安特性的测量

R_L 测取值	R_L（Ω）	0	300	600	900	1200	∞
测量数据	I（mA）						
	U_{AB}（V）						

（3）按一定比例尺做出伏安特性曲线。

（4）利用伏安特性曲线，计算出有源二端网络（A、B 端左侧）的开路电压 U_0、等效电阻 R_0 及短路电流 $I_S\left(I_S = \dfrac{U_0}{R_0}\right)$ 的值，将结果填入表 2-13 中。

表 2-13　　　　　　　　　　　有源二端网络的参数计算

由伏安特性求出（实验值）			由电路计算（理论值）		
R_0（Ω）	U_0（V）	I_S（mA）	R_0（Ω）	U_0（V）	I_S（mA）

3．测定戴维南等效电源的伏安特性

（1）利用表 2-13 得到的等效参数（实验值），构造戴维南等效电路，如图 2-16 所示。其中，U_0 由稳压电源提供，R_0 在 9 孔插件方板上通过电阻的连接得到或由电位器调出。

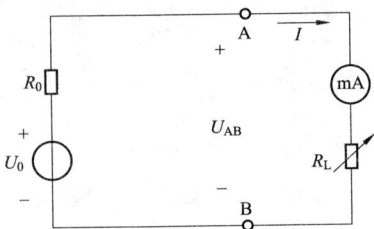

图 2-16　戴维南等效电路

（2）调节电位器 R_L，测出与表 2-14 中阻值相同情况下的几组电压 U_{AB} 及电流 I 的数据，将其填入表 2-14 中。

（3）由实验数据按一定比例尺做出戴维南等效电源的伏安特性曲线，并与步骤 2 所作曲线比较。

表 2-14　　　　　　　　　　　　　戴维南等效电路的伏安特性

R_L（Ω）测取值		0	300	600	900	1200	∞
等效戴维南电路	U_{AB}（V）						
	I（mA）						

4. 应用其他方法验证戴维南定理

分别用两次电压测量法和零示法（参见 1.3 节）测量确定图 2-15 所示电路去掉负载电阻 R_L 后的有源二端网络（A、B 端左侧）的等效内阻 R_0 和开路电压 U_0，数据表格自拟，并与上面的测量结果进行准确度比较。

5. 观测零输入响应和零状态响应

（1）在实验用 9 孔插件方板上按图 2-17（a）所示电路接线，取 $R=330\Omega$，$C=0.22\mu F$。

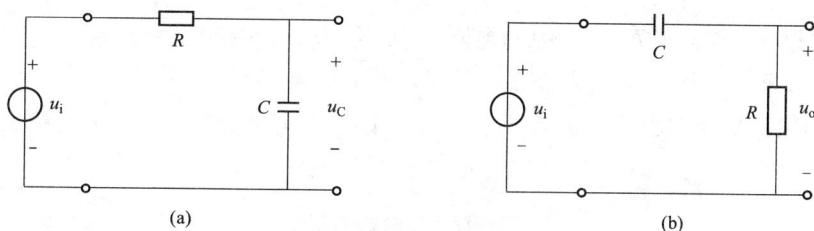

图 2-17　一阶 RC 电路暂态响应的实验电路

（a）电容端输出；（b）电阻端输出

（2）调节信号发生器，选取占空比为 1∶1 的矩形脉冲（方波）。然后通过设定，使输出方波 u_i 的电压幅值 $U=4.5V$，频率 $f=1kHz$。

（3）将方波信号输出加给被测电路，用示波器观测电容端电压 u_C。将观测结果填入表 2-15 中。

测量时间常数 τ 时，先在示波器上调出稳定的波形，再截取上升为幅值 63.2% 的点进行测量。

表 2-15　　　　　　　　　　　　电容端电压 u_C 的观测结果

测量值		τ（μs）			波　　形
幅值（V）	周期（ms）	测量值	计算值	相对误差	

（4）根据测量得到的时间常数 τ，按表 2-16 中的要求测量相应的电压 u_C 的大小，并给出其与幅值 U_{Cm} 的大小关系。

表 2-16　　　　　　　　　　　不同时间下电压 u_C 的测量

	t（ms）	$t=\tau$	$t=3\tau$	$t=5\tau$
u_C	大小（V）			
	$u_C(t)/U_{Cm}$			

6. 观测 RC 积分电路

（1）将实验电路图 2-17（a）中的电阻 R 换为 25kΩ，电容 $C = 0.22\mu F$ 不变，此时可认为 $\tau \gg t_p$。

（2）将示波器的观测结果填入表 2-17 中。

（3）将电阻 R 换为 5kΩ，电容 C 保持不变，即减小时间常数 τ，观察对积分电路产生的影响。

7. 观测 RC 微分电路

（1）按图 2-17（b）所示电路接线。取 $R = 220Ω$，$C = 0.22\mu F$，此时可认为 $\tau \ll t_p$。

（2）将示波器的观测结果填入表 2-17 中。

（3）将电阻 R 换为 1kΩ，电容 C 不变，即增大时间常数 τ，观察对微分电路的影响。

8. 观测 RC 耦合电路

（1）将实验电路图 2-17（b）中的电阻 R 换为 25kΩ，电容 $C = 0.22\mu F$ 不变。

（2）将示波器的观测结果填入表 2-17 中。

（3）将电阻 R 换为 5kΩ，电容 C 保持不变，即减小时间常数 τ，观察对耦合电路产生的影响。

表 2-17 不同性质 RC 电路的观测

电路性质	测量值	计算值		波　形
积分电路	t_p（ms）	τ（ms）	t_p/τ	
微分电路	t_p（ms）	τ（ms）	t_p/τ	
耦合电路	t_p（ms）	τ（ms）	t_p/τ	

2.2.7　实验报告要求

（1）实验报告中要用实验数据验证支路电流及电阻端电压是否符合叠加定理，并对实验误差进行分析。

（2）画出有源二端网络及戴维南等效电源的外特性，并进行比较分析。

（3）对实验中戴维南定理的两种验证方法进行准确度比较。

（4）实验报告中要准确地画出实验中观测到的各个波形图。

（5）说明时间常数 τ 的两种观测方法，将测量值与计算值进行比较，说明误差产生的原因。

（6）总结时间常数 τ 对 RC 电路各种响应的影响。

（7）回答下面的思考题。

2.2.8　思考题

（1）在验证叠加定理过程中，E_1、E_2 分别单独作用时，可否直接将不作用的电源（E_1 或 E_2）两端直接短路？

（2）电阻上的功率是否也符合叠加定理？

（3）用戴维南定理求解什么问题最为方便？

（4）测量有源二端网络开路电压及等效内阻的方法有哪几种？各有何优点？

（5）时间常数的物理意义是什么？

（6）积分电路、微分电路及耦合电路必须具备什么条件？

（7）对已定参数的积分电路和微分电路，当脉冲信号的频率改变时，输出电压是否仍保持积分或微分关系？

2.3　正弦交流电路的特性研究

2.3.1　实验目的

（1）学习利用交流电压表、交流电流表和电量仪测量得到交流电路参数的方法。

（2）理解正弦交流电路中电阻、电感、电容元件上电压和电流的相量关系，了解它们在正弦交流电路中消耗功率的情况。

（3）研究电阻、电感、电容元件串并联的正弦交流电路。

（4）学习三相电路负载的连接方法。

（5）验证对称三相电路线电压与相电压、线电流与相电流之间的相量关系。

（6）加深对三相四线制供电线路中性线作用的理解。

2.3.2　预习要求

（1）复习正弦交流电路中各种元件上电压与电流的关系；电阻、电感、电容串联电路中，总电压与各元件上电压的关系以及各阻抗的计算方法；电阻、电感、电容并联电路中，总电流与各支路电流的关系以及各阻抗的计算方法。

（2）了解电阻、电感、电容元件上的功率特征。

（3）明确三相电路中的线电压与相电压，线电流与相电流的关系。

（4）掌握三相电路负载作丫形连接时中性线的作用。

2.3.3　实验原理与说明

1. 单一参数的正弦交流电路

对于（线性）电阻、电感和电容三种电路元件，电阻是耗能元件，而电感和电容是储能元件。可见，元件参数不同，其性质就不同，其上能量的转换关系也就不同。这种不同也反映在电压与电流的关系上。

在正弦交流电路中，电压、电流及其关系常用相量表示，它既反映了大小，又反映了相位。

（1）电阻电路：在频率较低的情况下，实际的电阻元件通常略去其电感及分布电容而看成是纯电阻。其端电压与通过它的电流的相量关系为

$$\dot{U}_R = \dot{I}R \quad （关联参考方向下）$$

式中，R 的大小与 u_R、i 的大小、方向及频率无关，是一个常数；R 的端电压与电流之间无相位差。

电阻消耗的功率 P 为

$$P = UI = I^2R$$

（2）电感电路：实际的电感线圈不仅存在电感，还含有线圈导线电阻和铁心材料的磁滞与涡流损耗而引起的等效电阻（用 r_L 表示），因而电感线圈可由电感 L 与电阻 r_L 串联组成。在正弦交流电路中，其复阻抗 Z 为

$$Z = r_L + j\omega L = \sqrt{r_L^2 + (\omega L)^2}\, e^{j\varphi}$$
$$\varphi = \arctan(\omega L / r_L)$$

式中：电感 L 是一个常数；阻抗角 φ 由线圈参数决定。可见，电感线圈阻抗的大小及辐角都与频率有关。

在关联参考方向下，电感线圈端电压与通过它的电流的相量关系为

$$\dot{U}_L = (r_L + j\omega L)\dot{I}$$

电感线圈上的电压超前电流接近 90°。电感线圈消耗的功率为

$$P = UI\cos\varphi = I^2 r_L$$

（3）电容电路：实际的电容器都存在介质损耗，消耗一定的有功功率，因其很小，可忽略不计。所以，实际的电容器可视作理想电容器，这种情况下，在交流电路中，电容端电压与通过它的电流的相量关系为

$$\dot{U}_C = -jX_C\dot{I} = -j\frac{1}{\omega C}\dot{I} \quad （关联参考方向下）$$

可见，容抗 $X_C = \dfrac{1}{\omega C} = \dfrac{1}{2\pi f C}$ 与频率 f 成反比。理想电容器的端电压滞后电流 90°。电容消耗的有功功率为零。

2. 电阻、电感、电容元件串、并联的交流电路

对于电阻、电感、电容元件串联的交流电路，在关联参考方向下，当总电压（电源电压）$\dot{U}$ 与各元件端电压 $\dot{U}_R$、$\dot{U}_L$、$\dot{U}_C$ 的参考方向一致时

$$\dot{U} = \dot{U}_R + \dot{U}_L + \dot{U}_C = \dot{I}R + j\dot{I}X_L - j\dot{I}X_C = \dot{I}[R + j(X_L - X_C)] = \dot{I}Z$$

式中：$Z = R + j(X_L - X_C) = \sqrt{R^2 + (X_L - X_C)^2}\, e^{j\arctan\frac{X_L - X_C}{R}} = |Z|e^{j\varphi}$，为电路的阻抗，而 $|Z|$ 为阻抗的模；φ 为阻抗的辐角，也就是电压与电流的相位差。可见，交流参数不仅决定了电压与电流的大小关系，也决定了二者的相位关系。

对于电阻、电感、电容元件并联的交流电路，在关联参考方向下，当总电流 $\dot{I}$ 与流过各元件的电流 $\dot{I}_R$、$\dot{I}_L$、$\dot{I}_C$ 的参考方向一致时

$$\dot{I} = \dot{I}_R + \dot{I}_L + \dot{I}_C = \frac{\dot{U}}{R} + \frac{\dot{U}}{jX_L} + \frac{\dot{U}}{-jX_C} = \dot{U}\left[\frac{1}{R} + j\left(\frac{1}{X_C} - \frac{1}{X_L}\right)\right]$$

3. 交流电路中的元件参数或阻抗值的测量

在本次实验中用到的电感元件是一个带铁心的电感线圈，具有一定内阻，即 L 与 r_L 串联的电阻；电容端口由几个电容的并接构成，端口总电容为选取的各并接电容值之和。

交流电路中的元件参数 R、L、C 或阻抗值的确定可用以下介绍的三表测值法，这是测量交流参数的基本方法。

（1）交流电压表、交流电流表和功率表测量法：原理如图 2-18 所示，根据所测取的 U、I、P 的值来计算交流电路中的元件参数。

计算的基本公式如下：

1）电路中，阻抗的模 $|Z_L| = \dfrac{U}{I}$，电路的功率因数 $\cos\varphi = \dfrac{P}{UI}$。

2）电路的等效电阻 $R = \dfrac{P}{I^2} = |Z_L|\cos\varphi$，电路的等效电抗 $X = |Z_L|\sin\varphi$。

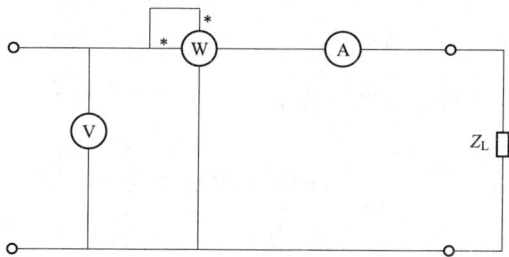

（2）交流电压表、交流电流表和相位表测量法：原理如图 2-19 所示，根据所测取的 U、I、φ（电压与电流的相位差）的值来计算交流电路中的元件参数。

计算的基本公式如下：

1）电路中阻抗的模 $|Z_L| = \dfrac{U}{I}$。

2）电路的等效电阻 $R = |Z_L|\cos\varphi$，电路的等效电抗 $X = |Z_L|\sin\varphi$。

图 2-18　三表测值法原理图（一）　　　　　图 2-19　三表测值法原理图（二）

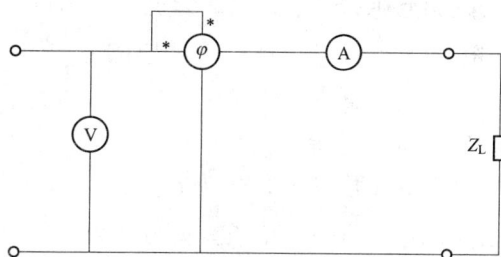

4. 三相四线制电源

工业及民用的交流电源几乎都是由三相电源提供的。民用单相电源实质是三相四线制电源上的一相。

三相四线制电源的线电压（任意两相线之间的电压）u_L 与相电压（任一相线与中性线之间的电压）u_{ph} 的关系为 $U_L = \sqrt{3}\,U_{ph}$，且 u_L 较相应的 u_{ph} 在相位上超前30°。各相电压或各线电压在相位上彼此相差120°。民用三相电源的线电压 U_L 为 380V，相电压 U_{ph} 为 220V。

5. 三相负载的连接

三相电路负载的连接有丫形和△形两种接法，如图 2-20 及图 2-21 所示。

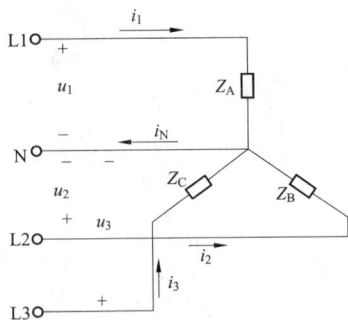

图 2-20 负载丫形连接线路

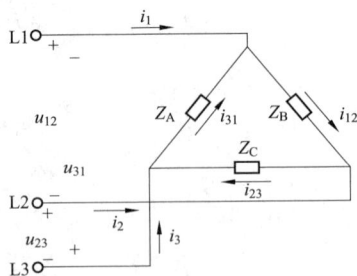

图 2-21 负载△形连接线路

连接的条件是保证每相负载实际承受的电压等于或接近于它的额定电压。当负载每相的额定电压等于或接近于电源的线电压时，应采用△形接法；当负载每相的额定电压等于或接近于电源的相电压时，应采用丫形接法。

（1）三相负载丫形连接时的电流、电压关系。在有中性线的情况下，不论负载对称还是不对称，其线电流都等于相电流，即 $\dot{I}_L = \dot{I}_{ph}$；线电压在大小上为相电压的 $\sqrt{3}$ 倍，即 $U_L = \sqrt{3}\,U_{ph}$，且在相位上 u_L 比相应的 u_{ph} 超前30°。

当负载对称时，负载的相电流也是对称的，中性线电流 $\dot{I}_N = \dot{I}_1 + \dot{I}_2 + \dot{I}_3 = 0$，所以中性线可以不要，此时 $U_1 = U_2 = U_3$，$I_1 = I_2 = I_3$。

当负载不对称时，中性线电流 $\dot{I}_N \neq 0$。如果去掉了中性线，负载各相电压就不再对称，导致负载不能正常工作，甚至发生损坏。所以，在负载不对称时，必须采用三相四线制，中性线的作用就在于使丫形连接的不对称负载的相电压保持对称。

（2）三相负载△形连接时的电流、电压关系。三相负载△形连接时，不论负载对称与否，其相电压均等于相应的线电压。当负载对称时，其相电流也对称，线电流和相电流之间的关系为 $I_L = \sqrt{3}\,I_{ph}$，且 i_L 较相应的 i_{ph} 在相位上滞后30°；当三相负载不对称时，线、相电流的大小不再是 $\sqrt{3}$ 倍的关系，即 $I_L \neq \sqrt{3}\,I_{ph}$，且相位关系也会发生改变。

6. 三相电路的总功率

当负载对称时，令 φ 为相电压与相电流之间的相位差，则总的有功功率为 $P = 3P_{ph} = \sqrt{3}\,U_L I_L \cos\varphi$，总的无功功率为 $Q = 3Q_{ph} = \sqrt{3}\,U_L I_L \sin\varphi$，总的视在功率为 $S = \sqrt{3}\,U_L I_L$。

当负载不对称时，总的有功功率为各相有功功率之和。

2.3.4 实验仪器及设备

实验仪器及设备见表 2-18。

表 2-18 实验仪器及设备

名　　称	型号或使用参数	数量
单相电量仪	0~1500W，0~500V，0~2A，−90°~90°	1 台
单相自耦调压器	0~250V	1 台

名　　称	型号或使用参数	数量
数显式交流电压、电流表	0～500V，0～2A	各 1 块
三相功率表	0～500W	1 块
电工技术实验装置	SBL-1	1 台

2.3.5　注意事项

（1）实验过程中，要特别注意人身安全，不可直接触摸带电线路的裸露部分；严禁带电接线、拆线，每次换接电路时应先断开电源后再进行。

（2）在使用单相自耦调压器时，应注意一次侧、二次侧的连线，使用前，将调压器手柄调至零位，接通电源后，缓缓上调输出电压，同时观察电路中的仪表有无异常反应，如有问题，先断开电源，再予处理。

（3）电量仪要正确接入电路，其上电压、电流测量端口标有"＊"侧为同名端，相位 φ 角示数大于 0°而小于等于 90°时为电感性负载，不小于 270°时为电容性负载。

（4）防止误将电量仪上的电流表当成电压表使用，以避免损坏电流表。

（5）三相电源带负载时，线电压和相电压的测量应在负载（白炽灯）端进行。

（6）本实验所用三相功率表只能用于三相三线制线路的测量。

2.3.6　实验内容与步骤

1. 测量单一参数的正弦交流电路

（1）按图 2-22 所示实验电路在未通电的情况下连接线路。接线时，注意自耦调压器输出先调至零位；电量仪的电压表与电流表标有"＊"号的同名端要并接。

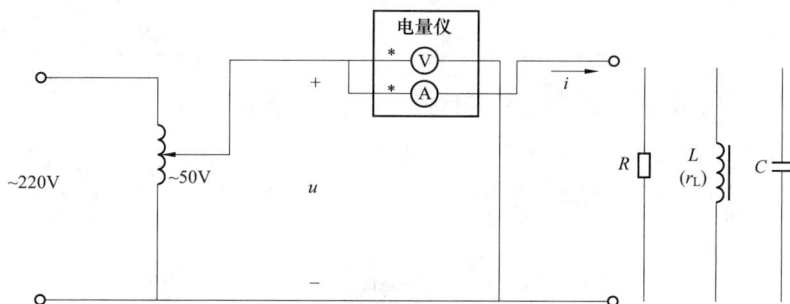

图 2-22　测量 R、L、C 参数的实验电路

（2）接通电源后，将单相自耦调压器的输出电压从零开始逐渐增至 50V。在断开电源的情况下，分别将电阻元件（R）、电感线圈（L 串 r_L）、电容元件（并取 $C = 6.7\mu F$）接入电路，接通电源后通过电量仪分别读出电压、电流、功率及相位角的测量值，将结果记入表 2-19 中，并计算 R、C、L 及 r_L 的值。

表 2-19   电阻、电感、电容元件的参数测量

	U（V）	I（mA）	P（W）	φ（°）	计算值	根据 U、I、P	根据 U、I、φ
R					R（Ω）		
C					C（μF）		
L（r_L）					L（mH）		
					r_L（Ω）		

（3）绘出电阻元件、电感线圈、电容元件端电压与电流的相量图。

2. 测量电感线圈、电容元件串联电路

（1）按图 2-23 所示串联实验电路接线，图中 $C=4.7\mu$F。

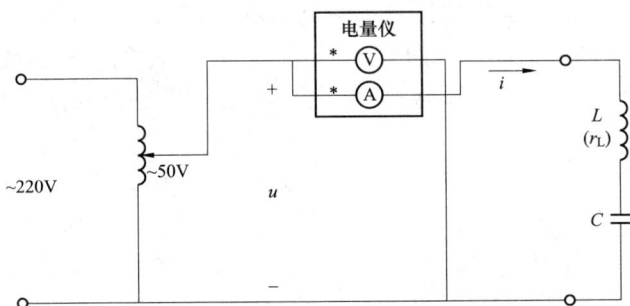

图 2-23 $L(r_L)$、C 串联实验电路

（2）将单相自耦调压器调至 50V，分别读出电压、电流与功率的测量值，将数据记入表 2-20 中，并将阻抗模 $|Z_L|$、功率因数 $\cos\varphi$ 及等效电抗 X 的计算值记入表 2-20 中。

表 2-20   电感线圈、电容元件串联电路的测量

被测阻抗	测量值					计算值		
	U（V）	P（W）	I（mA）	U_L（V）	U_C（V）	$\|Z_L\|$（Ω）	$\cos\varphi$	X（Ω）
L（r_L）、C 串联								

（3）绘出总电压与电感线圈、电容元件端电压的相量图。

3. 测量电感线圈、电容元件并联电路

（1）按图 2-24 所示的电感线圈（L 串 r_L）、电容元件（取 $C=4.7\mu$F）的并联实验电路通过电流插座连接线路。

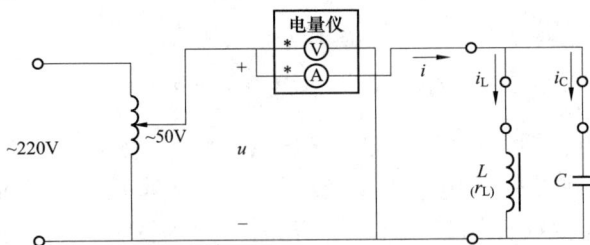

图 2-24 $L(r_L)$、C 并联实验电路

（2）将单相自耦调压器调至 50V，分别读出电压、功率，并测出总电流 I 和支路电流 I_L 与 I_C 的值，将数据填入表 2-21 中，并将阻抗 $|Z_L|$、功率因数 $\cos\varphi$ 与等效电抗 X 的计算值记入表 2-21 中。

表 2-21　　　　　　　　　　电感线圈、电容元件并联电路的测量

被测阻抗	测量值					计算值		
	U（V）	P（W）	I（mA）	I_C（mA）	I_L（mA）	$|Z_L|$（Ω）	$\cos\varphi$	X（Ω）
$L(r_L)$、C 并联								

（3）绘出总电流与各支路电流的相量图。

4. Y形连接三相负载的测量

本实验用三相灯组作为三相负载，每组灯组由两盏白炽灯串联构成。实验中要求当三相负载对称时，每相接入一组白炽灯；当负载不对称时，其中一相并入两组白炽灯。

（1）按图 2-25 所示实验电路将三相灯组接成Y形连接的负载，要求在标有电流的位置接入电流插座。

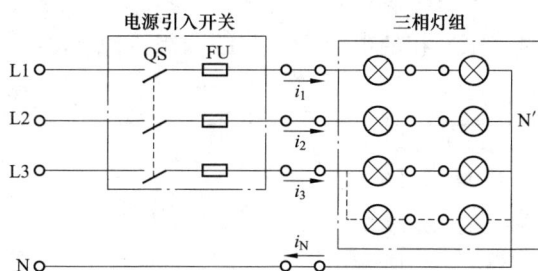
图 2-25　三相负载Y形连接实验电路

（2）测量负载对称（每相一组白炽灯）时，有中性线（N 线）和无中性线情况下的负载端的线、相电压及电流值，将数据记入表 2-22 中。注意观察、比较各相灯的亮度，并解释观察到的现象。

（3）测量负载不对称（其中第三相并入两组白炽灯）时，有中性线和无中性线情况下的负载端的各电量，其中第三相的电流为并联的两组灯的电流之和，将数据记入表 2-22 中。注意观察比较各相灯的亮度变化，并说明中性线的作用。

注意：在无中性线时，由于各相电压不平衡，测量完毕应立即断开电源或接通中性线。

表 2-22　　　　　　　　　　Y形连接负载的测量

项目		U_L（V）			U_{ph}（V）			（V）	（mA）				各相灯的亮度比较
		U_{12}	U_{23}	U_{31}	$U_{1N'}$	$U_{2N'}$	$U_{3N'}$	$U_{NN'}$	I_1	I_2	I_3	I_N	
负载对称	有 N 线												
	无 N 线												
负载不对称	有 N 线												
	无 N 线												

5. 测量△形连接负载

（1）按图 2-26 所示实验电路将三相灯组接成△形连接的负载，要求在标有电流的位置接有电流插座。

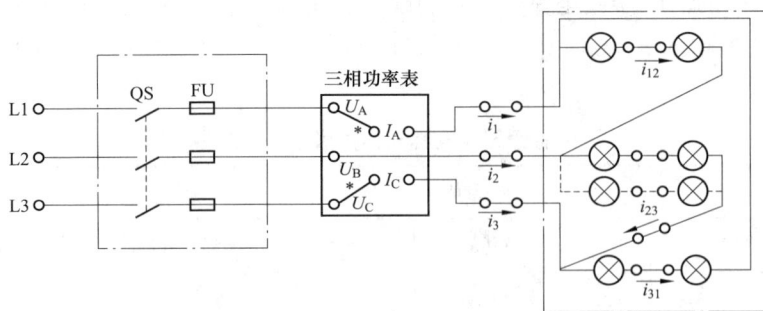

图 2-26 三相负载△形连接实验电路

（2）分别测量负载对称和不对称时的三相总功率、端电压、相电流及线电流。负载不对称时，第二相的电流为并联的两组灯电流之和。将以上测量结果记入表 2-23 中。

表 2-23　　　　　　　　　　　　　　△形连接负载的测量

被测量	P（W）	U_L（V）			I_{ph}（mA）			I_L（mA）		
		U_{12}	U_{23}	U_{31}	I_{12}	I_{23}	I_{31}	I_1	I_2	I_3
负载对称										
负载不对称										

（3）在负载对称情况下，根据测出的相电流及对应的相电压计算出三相有功功率，并说明其与三相功率表测得的三相总功率之间的关系。

2.3.7　实验报告要求

（1）实验报告中要完成表中的各项计算。

（2）说明各单一参数在交流电路中的特性。

（3）分别绘出电阻元件、电感线圈、电容元件端电压与电流的相量图；绘出串、并联电路中的电压、电流的相量图。

（4）根据实验数据分析说明三相电路负载对称的丫形连接及△形连接时，U_L 与 U_P、I_L 与 I_P 之间的关系。

（5）根据丫形连接不对称负载的测量结果及灯的亮度变化，说明中性线的作用。

（6）对于△形连接，在负载对称时，按要求说明计算出的各相有功功率与三相功率表测得的三相总功率之间的关系。

（7）回答下面的思考题。

2.3.8　思考题

（1）在正弦交流电路中，电阻、电感、电容各元件两端的电压和通过它的电流之间的相位关系是怎样的？

（2）电阻、电感、电容元件串联电路中，总电压和各元件电压之间是什么关系？

（3）电阻、电感、电容元件并联电路中，总电流和支路电流之间是什么关系？

（4）电量仪的电压线圈和电流线圈在电路中应如何连接？

（5）为什么中性线上不允许安装熔断器、开关等装置？

（6）三相对称负载，在丫形连接和△形连接两种情况下，若有一相电源线断开了，会有什么情况发生？为什么？

（7）三相负载在丫形连接和△形连接两种情况下，线电压与相电压的关系是什么？

第 3 章 电 气 控 制 实 验

3.1 TIA-STEP7 编程软件的使用介绍

全集成自动化博途（Totally Integrated Automation Portal，TIA 博途）是西门子自动化的全新工程设计软件平台，其将所有自动化软件工具（包含 STEP7 V××、PLCSIM V×× 和 WinCC V××）集成在统一的开发环境中，将所有自动化任务整合在了一个工程设计环境下。

STEP7 V×× 是西门子开发的自动化工程组态和编程软件，组合了 PLC 仿真软件 PLCSIM××，并与面向任务的 HMI（人机界面）智能组态软件 WinCC×× 集成，构成 TIA 博途，其编辑器可对 S7-300/400、S7-1200、S7-1500 PLC 和 HMI 面板进行编程、组态，还为硬件和网络配置、诊断等提供通用的项目组态框架，实现控制器与 HMI 之间的完美入口。

TIA 博途平台中，每款软件编辑器的布局和浏览风格都相同。从硬件配置、逻辑编程到 HMI 画面设计，所有编辑器的布局都相同，可大大节省用户的时间和成本。

这里以 S7-1200 PLC 的组态与编程来说明 STEP7 V14 的使用。

3.1.1 博图视图与项目视图

TIA 博途软件在自动化项目中可以使用两种不同的视图，博图（Portal）视图或者项目视图，Portal 视图是面向任务的视图，而项目视图是项目各组件的视图。可以使用链接在两种视图间进行切换。

1. Portal 视图

Portal 视图提供了面向任务的视图，可以快速确定要执行的操作或任务，有些情况下，该界面会针对所选任务自动切换为项目视图。

当双击 TIA 博途图标后，可以打开 Portal 视图界面，如图 3-1 所示。界面中包括如下区域。

（1）任务选项。在 Portal 视图中提供的任务选项取决于所安装的软件产品。

（2）任务选项对应的操作。此处提供了对所选任务选项可使用的操作。操作的内容会根据所选的任务选项动态变化。

（3）操作选择面板。所有任务选项中都提供了选择面板，该面板的内容取决于当前的选择。

（4）切换到项目视图。可以使用"项目视图"链接切换到项目视图。

（5）已打开项目的显示区域。在此处可了解当前打开的是哪个项目。

2. 项目视图

单击"项目视图"后，可以打开项目视图界面，如图 3-2 所示。界面中主要包括如下区域。

（1）标题栏。项目名称显示在标题栏中。

（2）菜单栏。菜单栏包含工作所需的全部命令。

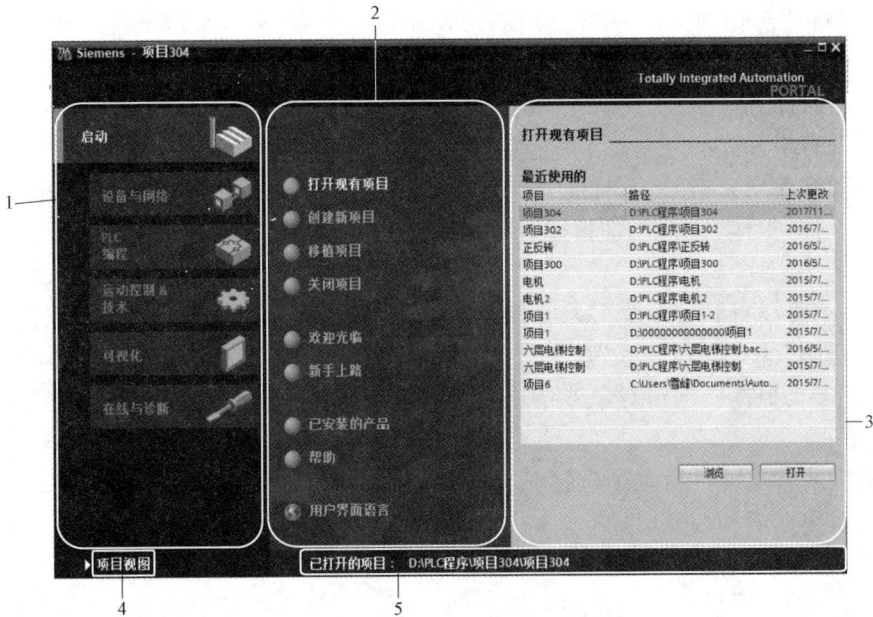

图 3-1　Portal 视图

1—任务选项；2—任务选项对应的操作；3—操作选择面板；
4—"项目视图"链接；5—已打开项目的显示区域

图 3-2　项目视图

（3）工具栏。工具栏提供了常用命令的按钮，如上传、下载等功能。通过工具栏图标可以更快地访问这些命令。

（4）"项目树"。使用"项目树"功能可以访问所有组件和项目数据。可在"项目树"中执行以下任务：

1）添加新组件。

2）编辑现有组件。

3）扫描和修改现有组件的属性。

（5）工作区。工作区内显示进行编辑而打开的对象。这些对象包括编辑器、视图或者表格等。

在工作区中可以打开若干个对象，但通常每次在工作区中只能看到其中一个对象。在编辑器栏中，所有其他对象均显示为选项卡。如果没有打开任何对象，则工作区是空的。

（6）任务卡。根据所编辑对象或所选对象，提供了用于执行相应操作的任务卡。这些操作的内容如下：

1）从库中或者从硬件目录中选择对象。

2）在项目中搜索和替换对象。

3）将预定义的对象拖入工作区。

在屏幕右侧的条形栏中可以找到可用的任务卡，可以随时折叠和重新打开这些任务卡。哪些任务卡可用取决于所安装的软件产品。比较复杂的任务卡会划分为多个窗格，这些窗格也可以折叠和重新打开。

（7）详细视图。详细视图中将显示总览窗口或项目树中所选对象的特定内容，其中可以包含文本列表或变量，但不显示文件夹的内容。要显示文件夹的内容，可使用项目树或巡视窗格。

（8）巡视窗格。巡视窗格具有 3 个选项卡：属性、信息和诊断。

1）"属性"选项卡。此选项卡显示所选对象的属性，可以查看对象属性或者更改可编辑的对象属性。例如，修改 CPU 的硬件参数，更改变量类型等操作。

2）"信息"选项卡。此选项卡显示所选对象的附加信息，如交叉引用、语法信息等内容，以及执行操作（如编译）时发出的报警。

3）"诊断"选项卡。此选项卡中将提供有关系统的诊断事件、已组态消息事件、CPU 状态，以及连接诊断的信息。

（9）切换到 Portal 视图。可以使用"Portal 视图"链接切换到 Portal 视图。

（10）编辑器栏。编辑器栏显示已打开的编辑器。如果已打开多个编辑器，可以使用编辑器栏在打开的对象之间进行快速切换。

（11）带有进度显示的状态栏。状态栏中显示正在后台运行任务的进度条，将鼠标指针放置在进度条上，系统将显示一个工具提示，描述正在后台运行的其他信息。单击进度条边上的按钮，可以取消后台正在运行的任务。如果没有后台任务，状态栏可以显示最新的错误信息。

3. 项目树

在项目视图左侧项目树界面中主要包括如下区域，如图 3-3 所示。

（1）标题栏。项目树的标题栏有两个按钮，可以实现自动 ▦ 和手动 ◀ 折叠项目树。手动折叠项目树时，此按钮将"缩小"到左边界，且会从指向左侧的箭头变为指向右侧的箭头，并可用于重新打开项目树。在不需要时，可以使用"自动缩小" ▦ 按钮折叠到项目树。

（2）工具栏。可以在项目树的工具栏中执行以下任务：

1）创建新的用户文件夹 。

2）针对链接对象进行向前 ➡ 或者向后
⬅ 浏览。

3）在工作区中显示所选对象的总览 🖼。

（3）项目。在"项目"文件夹中，将找到与项目相关的所有对象和操作，除可添加新设备及查看现有设备和网络外，还包括针对项目对象的其他可展开的操作选项，如设备对象、公共数据、文档设置、语言和资源。

1）设备对象。项目中的每个设备都有一个单独的文件夹，在此文件夹中有该设备的对象，如程序、硬件组态和变量等信息。

2）公共数据。此文件夹包含可跨多个设备使用的数据，如公用消息、脚本和文本列表。

3）文档设置。在此文件夹中，可以指定要在以后打印的项目文档的布局。

4）语言和资源。可在此文件夹中查看或者修改项目语言和文本。

（4）在线访问。该文件夹包含了 PG/PC 的所有接口，包括未用于与模块通信的接口。

图 3-3　项目树
1—标题栏；2—工具栏；3—项目；4—"在线访问"；
5—SIMATIC 读卡器及 USB 存储器

（5）SIMATIC 卡读卡器/USB 存储器。该文件夹用于管理所有连接到 PG/PC 的读卡器及 USB 存储器。

3.1.2　STEP7 的设备配置

一个工程项目中可以包含多个 PLC 站、HMI、驱动等设备。其中，一个 PLC 站主要包含系统的硬件配置信息和控制设备的用户程序。硬件配置是对 PLC 硬件系统的参数化过程，通过 TIA 博途的设备视图，按硬件实际安装次序将硬件配置到相应的机架上，并对 PLC 硬件模块的参数进行设置和修改。

硬件配置对于系统的正常运行非常重要，其功能如下：

（1）将配置信息下载到 CPU 中，CPU 功能按配置的参数执行。

（2）将 I/O 模块的物理地址映射为逻辑地址，用于程序块调用。

（3）判断 CPU 比较模块的配置信息与实际安装的模块是否匹配，如 I/O 模块的安装位置、模拟量模块选择的连接模式等，如果不匹配，CPU 报警，并将故障信息存储于 CPU 的诊断缓存区中，用户根据 CPU 提供的故障信息作出相应的修改。

（4）CPU 根据配置的信息对模块进行实时监控，如果模块有故障，CPU 报警，并将故障信息存储于 CPU 的诊断缓存区中。

（5）CPU 中存储着一些智能模块（如通信处理器 CP、功能模块 FM 等）的配置信息，模块故障后直接更换，不需要重新下载配置信息。

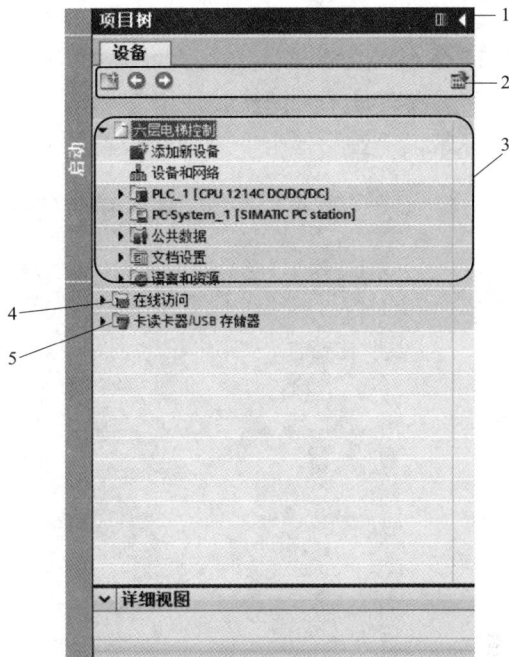

以下着重介绍项目中 PLC 站的硬件配置和参数设置，以及 TIA 博途的特点。

1. 添加新设备

项目视图是 TIA 博途硬件组态和编程的主视窗，在项目树的设备栏中双击"添加新设备"标签栏，然后弹出"添加新设备"对话框，如图 3-4 所示。

图 3-4 "添加新设备"对话框

根据实际需要选择相应设备，设备包括 PLC、HMI 及 PC 系统，本例中选择 PLC，然后打开分级菜单选择需要的 PLC，这里选择 CPU 1214C ACDCRly，设备名称为默认的"PLC_1"，也可以进行修改。CPU 的固件版本可以根据实际的版本进行选择，勾选"打开设备视图"复选框，最后单击"确定"按钮，打开设备视图，如图 3-5 所示。

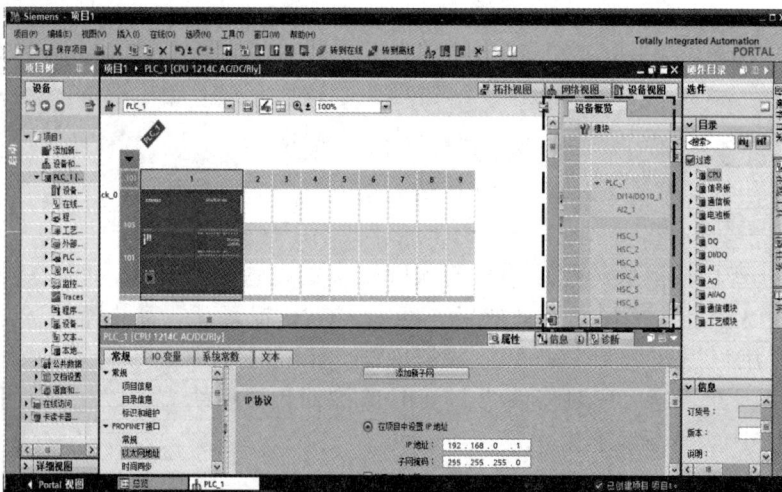

图 3-5 设备视图

设备视图包括不同的配置窗格，图 3-5 界面中主要包括如下几个配置窗格区：

（1）设备。显示项目树中所添加的设备列表及设备项目文件的详细分类。

（2）设备视图。显示已有设备，用于进行硬件组态。

（3）设备概览。显示插入模块的详细信息，包括 I/O 地址、设备类型和订货号等。

（4）属性。可以浏览模块的属性信息。

（5）硬件目录。可以单击"过滤"按钮，只保留与硬件组态设备相关的模块。

（6）信息。可以浏览模块的详细信息，并可以修改组态模块的固件版本。

2. S7-1200 PLC 的机架配置

STEP7 的中央机架中带有 CPU 模块，通过接口模块可以进行机架的扩展，扩展机架上不能插入 CPU 模块。根据不同的扩展接口，有的扩展机架上带有通信总线，可以插入通信模块 CP 及功能模块 FM，不带有通信总线的扩展机架上只能插入 I/O 模块（支持 IO 总线的 CP、FM 除外）。

作为小型机，S7-1200 PLC 不具有扩展机架，可直接创建设备配置。S7-1200 PLC 的设备配置如下：

（1）通信模块（CM），最多 3 个，分别插在插槽 101、102 和 103 中。

（2）CPU，插槽 1。

（3）CPU 的以太网端口（在 CPU 模块上）。

（4）信号板（SB，是 S7-1200 PLC 的一大亮点，嵌入式安装并不增加安装空间，能扩展少量 I/O 点，从而提高控制系统的性价比），最多 1 个，插在 CPU 中。

（5）数字或模拟 I/O 的信号模块（SM），最多 8 个，分别插在插槽 2~9 中（CPU 1214C 及 1215C 允许使用 8 个，CPU 1212C 允许使用 2 个，CPU 1211C 不允许使用任何信号模块）。

使用 TIA 博途进行硬件配置的过程与硬件实际安装的过程相同，在项目中插入一个新设备选择"SIMATIC S7-1200"，再选择 CPU 型号，然后选择设备视图进入硬件配置界面。此时，CPU 和机架已经出现在设备视图中。

在硬件目录中，采用双击或拖曳的方法将模块添加到机架上。当在硬件目录中选择一个模块时，机架中允许插入该模块的槽位的边缘会呈现蓝色，而不允许该模块插入的槽位的边缘颜色无变化。当使用鼠标拖放的方法将选中的模块拖到允许插入的槽位时，鼠标指针变为 ，如果将模块拖到禁止插入的槽位上，鼠标指针变为 ⊘。

3. CPU 参数配置

单击机架中的 CPU，可见 TIA 博途软件的属性视图，如图 3-6 所示。在这里可以配置 CPU 的各种参数，如 CPU 的启动特性、OB（组织块）、存储区及通信接口的设置等，大家可在练习中进行学习。

4. I/O 参数配置

在 TIA 博途软件的设备视图中组态 I/O 模块时，可以对模块进行参数配置，包括常规信息，输入-输出通道的诊断组态信息，以及 I/O 地址的分配等。

（1）数字量 I/O 模块参数配置。

1）更改模块逻辑地址。在机架上插入数字量 I/O 模块时，系统自动为每个模块分配逻辑地址，删除或添加模块不会导致逻辑地址冲突。有些应用中，用户预先编写程序，在现场进行硬件配置，可能需要调整 I/O 模块的逻辑地址以匹配控制程序。

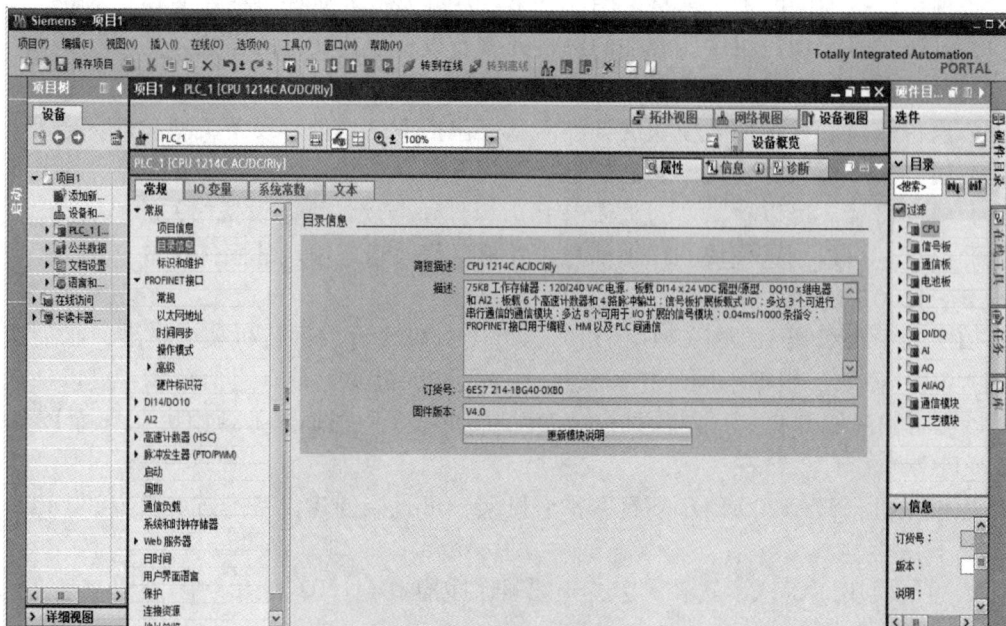

图 3-6　CPU 属性视图

如果需要更改模块的逻辑地址，可以单击该模块，在 TIA 博途软件的属性视图中选择"I/O 地址"选项卡，如图 3-7 所示，然后加以修改。

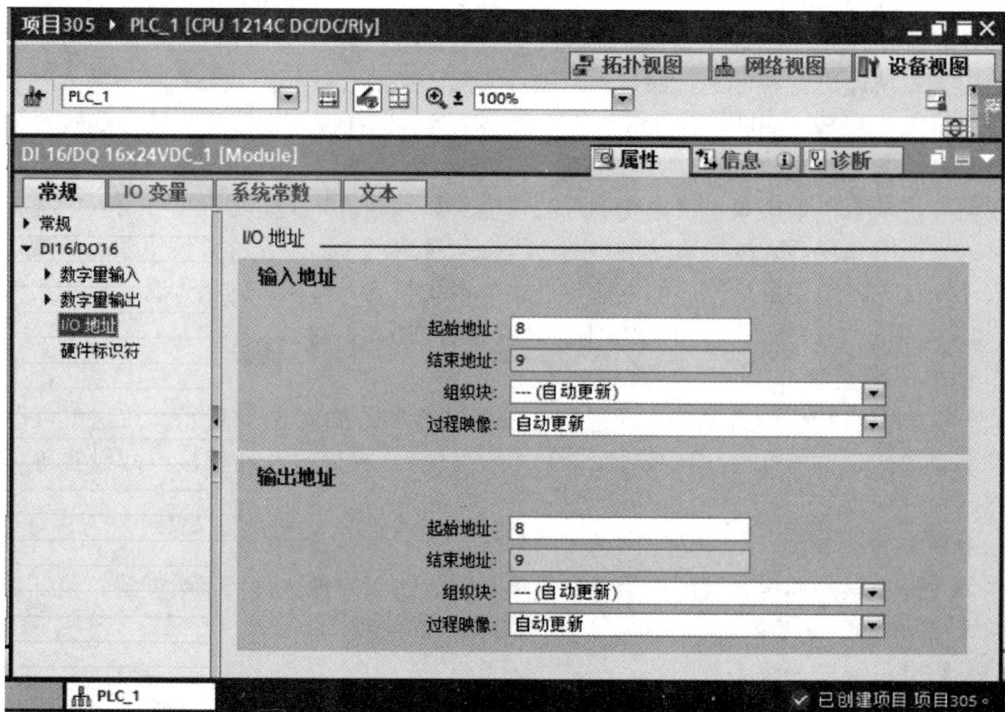

图 3-7　"I/O 地址"选项卡

2）参数化 I/O 模块。高特性的输入模块带有中断和诊断功能，使用这些功能必须进行配置，单击该模块，在 TIA 博途软件的属性视图中选择"输入"选项卡，然后进行配置。

有些输出模块也带有诊断功能，可以进行参数化配置。

（2）模拟量 I/O 模块参数配置。为各个模拟量输入组态参数，如测量类型（电压或电流）、范围和平滑化，也可启用下溢或上溢诊断。为各个模拟量输出提供输出类型（电压或电流）之类的参数，也可用于诊断，如短路（针对电压输出）或上/下限诊断。

5. 创建网络连接

使用设备配置的"网络视图"在项目中的各个设备之间创建网络连接之后，使用巡视窗格的"属性"选项卡组态网络参数（如组态 IP 地址）。

（1）选择"网络视图"选项卡，以显示要连接的设备。

（2）选择一个设备上的端口，然后连接到第二个设备上的端口处。

（3）释放鼠标可创建网络连接。

（4）在项目中组态 IP 地址。

3.1.3　博图软件的项目程序编辑

创建项目后，即可进行项目程序的编辑，这里以 LAD（梯形图）为例进行介绍。

（1）打开程序编辑器。在主界面单击"PLC 编程"任务选项，双击 Main［OB1］，打开程序编辑器，显示出"主"块的程序段；还可以在项目树中展开程序区块，双击 Main［OB1］，打开程序编辑器，显示出"主"块的程序段。

（2）在程序编辑器中进行程序编辑。

（3）组态 CPU。

1）上传 CPU 的组态。

2）组态 CPU 的属性。

3）将组态下载到 CPU。

（4）将用户程序下载到 CPU。

（5）测试用户程序的运行。

1. 程序编辑器

程序编辑器的界面主要由工具栏、块接口变量声明窗格、收藏夹、编辑窗格、任务卡、巡视窗格等组成，如图 3-8 所示。

（1）工具栏。程序编辑器工具栏如图 3-9 所示。

程序编辑器工具栏中，从左到右的图标表示的功能按钮按类别如下：

1）插入程序段、删除程序段。

2）插入行、添加行。

3）复位启动值。

4）扩展模式。

5）打开所有程序、关闭所有程序。

6）启用/禁用自由格式的注释。

7）绝对/符号操作数。

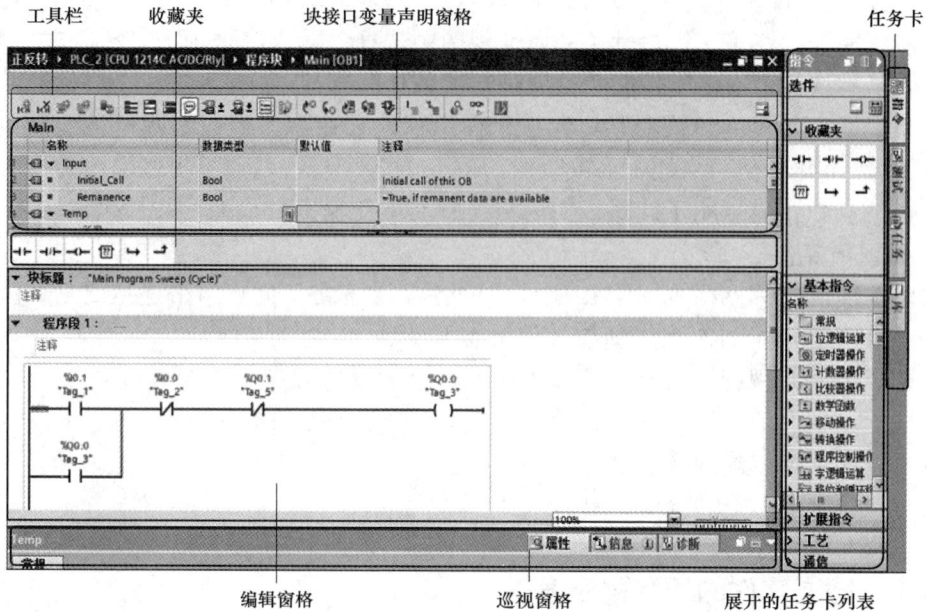

图 3-8　程序编辑器

图 3-9　程序编辑器工具栏

8）显示变量信息。

9）启用/禁用程序段的注释。

10）在编辑器中显示收藏。

11）转到上一个错误、转到下一个错误。

12）返回读/写访问、转至读/写访问。

13）更新不一致的块调用。

14）对选择内容添加注释、删除注释。

15）详细比较。

16）启用/禁用监视。

17）下载但不重新初始化。

（2）块接口变量声明窗格。该窗格用于声明在块中使用的函数调用接口和局部变量。

（3）收藏夹。收藏夹可以将常用的指令放在收藏夹中，以方便使用。

（4）编辑窗格。该窗格用于输入程序代码，也可给功能框和线圈添加注释，以提高程序的可读性。

（5）任务卡。在屏幕右侧的条形栏中可以找到可用的任务卡，如指令、测试、任务及库的任务卡。各任务卡可展开和折叠，使用非常灵活。

（6）展开的任务卡列表。图示为展开的指令任务卡，其中包含了收藏夹、基本指令、扩展指令、工艺和通信指令等。

测试任务卡仅在在线模式下可用，可用于对故障的排除；任务卡包含两部分，其一为查找和替换；其二为语言和资源，可以选择期望的编程语言和参考语言。

（7）巡视窗格。用于显示有关所选对象或所执行动作的附加信息，具有属性、信息和诊断三个选项卡。

2. 符号编辑器

每一个变量都会对应一个符号名，符号名由用户定义或系统自动生成，这些变量的定义都包含在 PLC 变量表中。除此之外，PLC 变量表还包含符号常量的定义。系统会为项目使用的每个 CPU 自动创建一个 PLC 变量表，用户也可以以层级的方式创建新的变量表，非常方便变量的归类和分组或使变量面向设备使用。

（1）PLC 变量表。在项目树下的"PLC 变量"文件夹下包含"显示所有变量""添加新变量表"和"默认变量表"选项，选择相应的选项并双击，即可打开对应的符号编辑器。

1）显示所有变量。PLC 变量表如图 3-10 所示，该变量表不能移动和删除。在该变量表下能够进行变量的导入和导出操作，但不能在线监视。

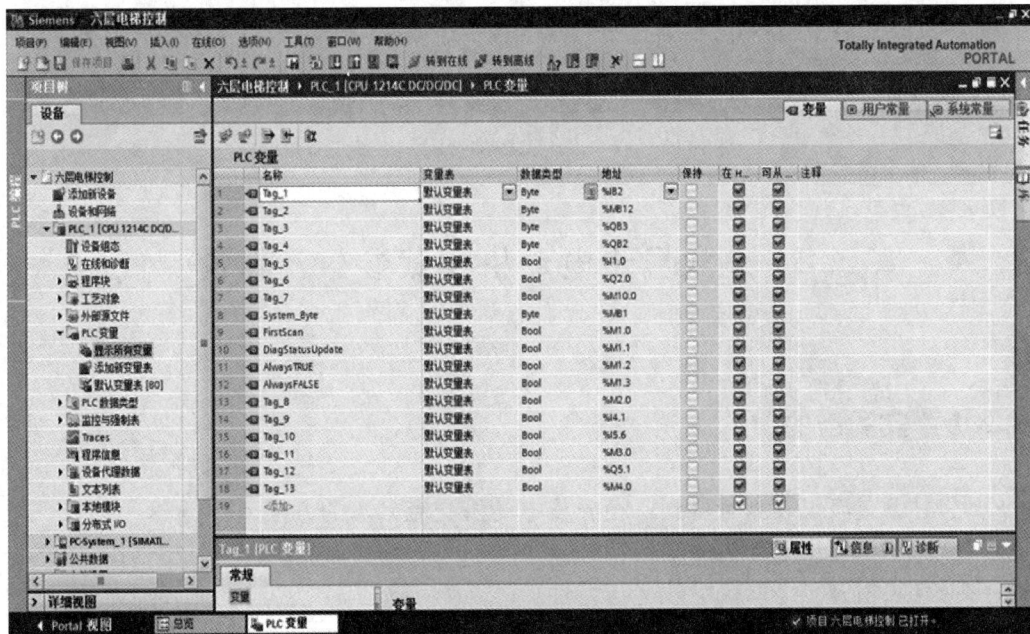

图 3-10　PLC 变量表

2）默认变量表。每个 CPU 均有一个默认变量表，该表不可移动、重命名和删除。

3）创建新的变量表。用户可根据 PLC 的分类（如按工艺段分类等）定义自己的变量表，可删除、重命名、增减或移动。

（2）变量表结构。每个 PLC 变量表均包含"变量""用户常量"两个选项，在默认变量表和显示所有变量表中还包含"系统常量"选项。

在用户常量中可以定义整个 CPU 范围内有效的符号常量，选项内的内容可编辑、移动、删除和导出等。

系统需要的常量显示在"系统常量"选项下，图 3-11 所示为使用 S7-1200 PLC 进行项目编程中显示的一些系统需要的常量。系统常量选项下的内容由系统根据配置自动生成，不能进行编辑、移动、删除和导出等操作。

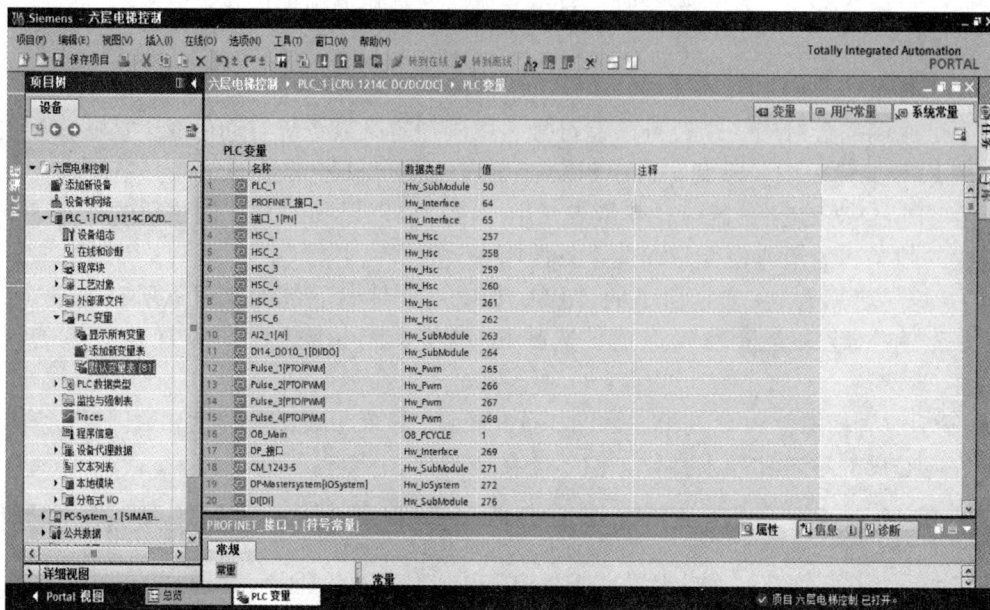

图 3-11　S7-1200 PLC 编辑时的系统常量

3.2　笼式异步电动机空载参数及特性测试

3.2.1　实验目的

（1）学习由交流仪表测量得到三相异步电动机交流参数的方法。

（2）辨识三相异步电动机的结构特性。

（3）研究三相异步电动机空载运行特性。

（4）理解对三相异步电动机实现正反转的原理及方法。

3.2.2　预习要求

（1）回顾笼式三相异步电动机的构造及工作原理。

（2）了解三相异步电动机铭牌数据的含义。

（3）懂得三相异步电动机的运行特性。

（4）复习由交流接触器、按钮等控制电器实现对三相异步电动机进行正反转控制的方法，并理解自锁及互锁的作用。

3.2.3 实验原理与说明

异步电动机是基于电磁原理把交流电能转换为机械能的一种旋转电机。三相笼型异步电动机具有结构简单、维修方便等优点，获得了广泛应用。其基本结构包括定子和转子两部分。定子主要由定子铁芯、三相对称定子绕组和机座等组成，定子绕组属于其电路部分。在端线盒上可将电动机定子三相绕组的首末端接成丫形连接或△形连接。本实验电动机采用丫形连接。转子主要由转子铁芯、转轴、笼式转子绕组、风扇等组成，是电动机的转动部分。

异步电动机三相定子绕组的六个出线端有三个首端和三个末端。这里，首端以 U1、V1、W1 标示，末端以 U2、V2、W2 标示，即三相定子绕组分别是 U1U2、V1V2、W1W2。绕组的直流电阻（Ω 级）越小越好，各相绕组间的绝缘电阻及绕组对地（机壳）的绝缘电阻（MΩ 级）越大越好。异步电动机绝缘电阻的测量方法如图 3-12 所示。

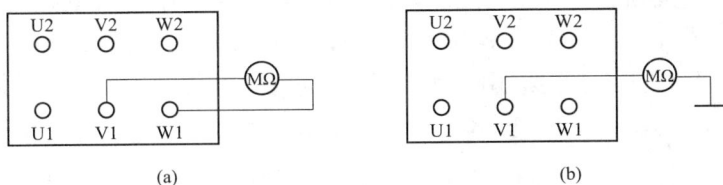

图 3-12 异步电动机绝缘电阻的测量方法
（a）相间绝缘电阻的测量；（b）绕组对地绝缘电阻的测量

在接线时如果没有按照首、末端的标示来接，则当电动机启动时磁动势和电流就不会平衡，因而引起电动机绕组发热、振动、有噪音，甚至电动机不能启动因过热而烧毁。由于某种原因定子绕组的六个出线端标示无法辨识，可以通过实验方法来辨别首、末端（即同名端），方法如下：

（1）用万用表欧姆挡从六个出线端测量确定哪一对引出线是属于同一相的，分别找出三相绕组，并标以符号，如 U、X；V、Y；W、Z。

（2）将其中的任意两相绕组串联，首末端测试电路如图 3-13 所示。

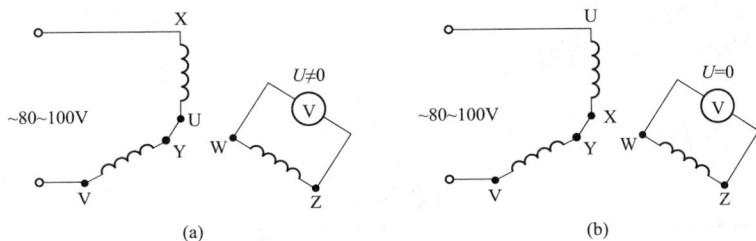

图 3-13 首末端测试电路
（a）首末端相连；（b）首首端或末末端相连

对相串联的两相出线端施加 80～100V 的交流电压，测出第三相绕组的电压，若测得的电压值有一定读数，表示两相绕组首端与末端相连，如图 3-13（a）所示。反之，若测得的电压近似为零，则两相绕组首端与首端或末端与末端相连，如图 3-13（b）所示。定义这两相绕组的首末端，然后用同样的方法可测出第三相绕组的首末端。

三相对称绕组对于电源而言是三相负载，各相绕组的参数可通过测量其端电压、流过的电流及功率损耗，再计算得到：阻抗模 $|Z_L| = \dfrac{U}{I}$、电路的功率因数 $\cos\varphi = \dfrac{P}{UI}$、绕组的等效电阻 $R = \dfrac{P}{I^2} = |Z_L|\cos\varphi$；绕组的等效感抗 $X_L = |Z_L|\sin\varphi$。

对于小功率的电动机（本实验使用的即是小功率电动机），可采用全压启动（直接启动）。电动机的启动电流是额定电流的 5~7 倍。空载运行时，电源输入的功率即为其自身的耗散功率 P_0。

改变流入三相异步电动机电流的相序，即任意对调两根电源进行，即可改变电动机的转向。三相异步电动机的正反转返控制线路如图 3-14 所示。空载下正反转的实现可采用图 3-14 所示控制线路。主要控制电器是交流接触器和按钮。线路中为保证电动机的连续运行，采用了自锁环节；为避免接触器 KMF（正转控制）、KMR（反转控制）主触点同时得电吸合造成三相电源短路，在正转控制线路中串接有 KMR 动断触点，在反转控制线路中串接有 KMF 动断触点，从而保证线路工作时 KMF、KMR 不会同时得电，以达到电气互锁的目的。

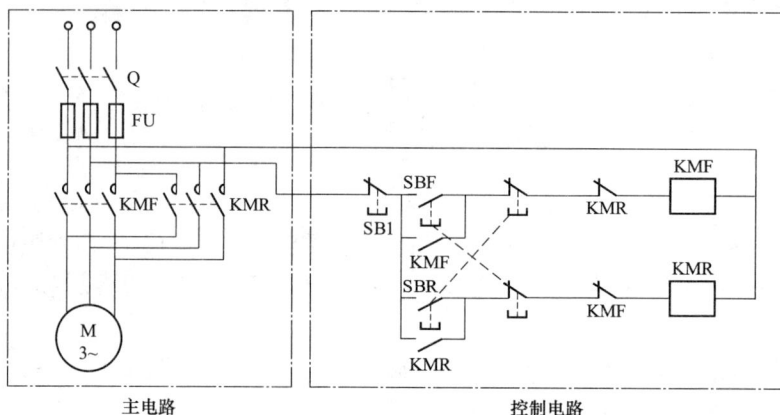

图 3-14　三相异步电动机的正反转返控制线路

3.2.4　实验仪器及设备

实验仪器及设备见表 3-1。

表 3-1　　　　　　　　　　　　　　　实 验 仪 器 及 设 备

名　称	型号或使用参数	数　量
三相异步电动机	380/220V（丫/△），0.6A，150W，1400r/min	1 台
交流接触器	380/220V，10A	2 个
按钮	AC 600V，50Hz，10A	3 组
数字万用表	VC890D	1 块

名　称	型号或使用参数	数　量
数显式交流电压、电流表	0~500V，0~2A	各 1 块
单相电量仪	0~1500W，0~500V，0~2A，-90^0~90^0	1 台
电工技术实验装置	SBL—1	1 台

3.2.5　注意事项

（1）实验过程中，要特别注意人身安全，不可直接触摸带电线路的裸露部分；严禁带电接线、拆线，每次换接电路时应先断开电源后再进行。

（2）在使用单相自耦调压器时，应注意一次侧、二次侧的连线，使用前，将调压器手柄调至零位，接通电源后，缓缓上调输出电压，同时观察电路中的仪表有无异常反应，如有问题，先断开电源，再予处理。

（3）电量仪要正确接入电路。电量仪上电压、电流测量端口标有"＊"侧为同名端，相位 φ 角示数大于 0° 而小于等于 90° 时为电感性负载，大于等于 270° 时为电容性负载。

（4）电动机的转速很高，切勿触碰其转动部分，以免发生人身或设备事故。

（5）任一接线端子上所接导线尽量不超过两根，以保证接线的牢靠、安全。

（6）实验过程中，线路有故障时，应立刻断开电源，再用万用表检查线路。

3.2.6　实验内容和步骤

实验前要识别电动机的铭牌数据及其连接形式，并熟悉实验板上的交流接触器的线圈端子及触点，按钮的触点。

1. 定子绕组（冷态）电阻及绝缘电阻的测量

用万用表欧姆挡测量得到各相绕组的（冷态）电阻；参见图 3-12 用万用表的兆欧挡测量相间绝缘电阻，绕组对地（机壳）绝缘电阻。绕组电阻及绝缘电阻的测量结果填入表 3-2 中。

表 3-2　　　　　　　　　　　　绕组电阻及绝缘电阻的测量

测量相	阻值（Ω）	相间测量	阻值（MΩ）	绕组对地	阻值（MΩ）
U 相		UV 相		U 相对地	
V 相		VW 相		V 相对地	
W 相		WU 相		W 相对地	

2. 定子绕组首末端的判别

（1）将单相自耦调压器手柄旋至零位。

（2）参照图 3-13（a）将两相绕组首末端相连，接入调压器，为其提供输入电压。合上电源开关，调节调压器输出电压至100V。

（3）用交流电压表测量第三相电压，第三相电压的测量结果填入表3-3中。

表3-3 第三相电压的测量

串联方式	UV 相串联	VW 相串联
	W 相电压（V）	U 相电压（V）
首末端串联		
末末端串联		

（4）同理，参照图3-13（b）将两相绕组末端与末端相连，调压器输出电压100V，测出第三相电压，测量结果填入表3-3中。

（5）判别各相绕组首末端。

3. 测量定子绕组参数

（1）取一相定子绕组，按图3-15所示的测量定子绕组参数的实验电路图进行电路接线。接线时，注意自耦调压器输出先调至零位；电量仪的电压表与电流表标有"﹡"号的同名端要并接。

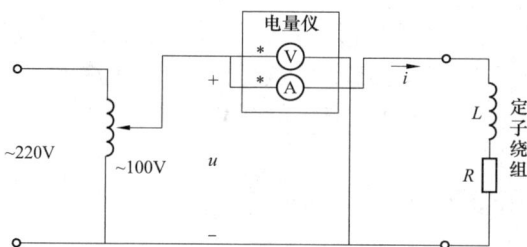

图 3-15 测量定子绕组参数的实验电路图

（2）将单相自耦调压器调至100V，通过电量仪分别读出电压、电流、功率的测量值，记入表3-4中。

（3）将阻抗模$|Z_L|$、功率因数$\cos\varphi$、等效电阻R及感抗X_L的计算值记入表3-4中。

表3-4 定子绕组参数的测量

被测阻抗	测　　量			计　　算　　值			
	U（V）	I（mA）	P（W）	$|Z_L|$（Ω）	$\cos\varphi$	R（Ω）	X_L（Ω）
单相定子绕组							

（4）绘出总电压与总电流的相量图。

4. 测量异步电动机空载电压与电流

（1）将异步电动机定子绕组接成星形，按图3-16所示的空载电压与电流测量电路连接电路，要求在标有电流的位置接入电流插座。

（2）空载下接通电源，按下启动按钮瞬间，利用数显式交流电流表观察电动机启动过程一相启动电流I_{st}的变化趋势，记入表3-5中。

（3）电动机转速稳定后，利用数显式交流电压、电流表测量电动机各相绕组端的线、相电压及电流值，记入表 3-5 中。

（4）说明 U_L 与 U_{ph}、I_L 与 I_{ph} 之间的大小关系。

（5）根据测得的相电压、相电流，及步骤 3 计算得到的功率因数，计算出电动机自身的耗散功率 P_0，记入表 3-5 中。

5. 异步电动机正反转的实现

断开电源，按先接主电路，后接控制电路的顺序，以及"先接串联电路，后接并联电路"的方法，根据图 3-14 所示线路连线，要求任一接线端子上连接的导线尽量不超过两根，以保证接线的牢靠、安全。

接通实验台电源总开关后，按下正转启动按钮 SBF，观察电动机的转向和接触器的运行方向；再按压下 SBR，观察电动机的运转方向。随时按下停止按钮 SB1 可实现随时停车。

整个实验过程中，若遇有线路故障，自己应能够排除。实验结束后，要先断开电源，再拆除线路。

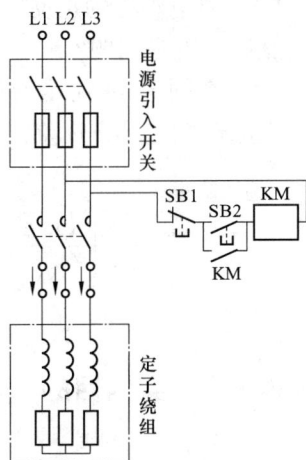

图 3-16　空载电压与电流测量电路

表 3-5　　　　　　　　　　　　绕组空载电压与电流的测量

I_{st} 变化趋势	U_L（V）			U_{ph}（V）			$I_L = I_{ph}$（mA）			计算值
	U_{12}	U_{23}	U_{31}	U_{1N}	U_{2N}	U_{3N}	I_1	I_2	I_3	P_0（W）

3.2.7　实验报告要求

（1）完成实验报告中表里的各项计算。

（2）绘出绕组端电压与流过电流的相量图。

（3）根据实验数据分析说明对称三相绕组丫形连接时，U_L 与 U_{ph}、I_L 与 I_{ph} 之间的关系。

（4）根据电动机的运行结果给出各控制环节的动作次序。

（5）说明自锁、互锁的作用。

（6）回答下面的思考题。

3.2.8　思考题

（1）电动机绕组电阻、相间绝缘电阻及绕组对地绝缘电阻是越大越好还是越小越好？

（2）异步电动机两相绕组末端与末端相连施加电压时，第三相电压为什么近似为零？

（3）电动机绕组的端电压与绕组电阻、感抗上电压的相位关系分别是什么？

（4）电量仪的电压线圈和电流线圈在电路中应如何连接？

（5）三相定子绕组在丫形连接下，线电压与相电压的关系是什么？

（6）三相定子绕组在丫形连接下，若有一相电源线断开了，会发生什么情况？为什么？

（7）对电动机的正反转控制，为什么必须保证两个接触器不能同时工作？可以采取什么措施解决这一问题？

（8）在图 3-14 所示的控制电路中，将 KMR 与 KMF 动断触点互换位置，按下 SBF 按钮，电路会发生什么现象？为什么？

3.3 基于三相异步电动机的电气控制

3.3.1 实验目的

（1）学习用电气原理图连接实际操作电路的方法，并认识几种常用的控制电器。

（2）加深应用继电器、接触器实现对三相异步电动机动作进行控制的理解。

（3）学会分析、排除继电—接触控制线路故障的方法。

（4）熟悉西门子（SIMATIC）S7-1200 可编程控制器（PLC），学习 STEP7（V14）编程软件的使用，并且能够独立地完成程序编写。

（5）熟悉 PLC 的使用方法及与继电接触器控制系统的联系和区别。

（6）通过用 PLC 实现三相异步电动机的正反转控制及丫-△换接启动，学习梯形图的设计及 PLC 的应用。

3.3.2 预习要求

（1）了解三相异步电动机铭牌数据的含义。

（2）复习交流接触器、热继电器、按钮等控制电器的工作原理及用途。

（3）复习三相异步电动机直接启停、正反转控制及行程控制线路的工作原理，并理解自锁及互锁的作用。

（4）复习 PLC 的基本工作原理及编程方法。

（5）阅读 3.1 节，认识 STEP7（V14）编程软件的使用方法。

（6）练习编写用 PLC 实现三相异步电动机正反转控制的梯形图，并理解丫-△换接启动的控制过程。

3.3.3 实验原理与说明

三相笼型异步电动机具有结构简单、维修方便等优点，获得了广泛应用。对其启动有全压启动（直接启动）和降压启动两种方式。

对于小功率的电动机（本实验使用的即是），可采用全压启动（直接启动）。而大功率电动机的启动电流较大（启动电流是额定电流的 5~7 倍），同时电动机频繁启动会严重发热，加速绝缘老化，缩短电动机的使用寿命，所以应采用降压启动。

在端线盒上可将电动机定子三相绕组的首末端接成△形连接或丫形连接，如图 3-17 所示。本实验电动机采用丫形连接。

对三相异步电动机的基本控制主要有直接启停控制，正反转控制，行程控制和时间控制，主要控制电器是交流接触器、按钮、行程开关、时间继电器、热继电器等。

1. 三相异步电动机直接启停控制及点动控制

三相异步电动机直接启停控制线路是最基本的控制线路，如图 3-18 所示，其实现了对电动机的启停控制。此控制线路中，主要是利用交流接触器 KM 的自锁触点保持电动机的连续运转。

如果去掉自锁触点，如图 3-19 所示，电动机实现的是点动控制，即按一次启动按钮 SB，电动机运转一下。

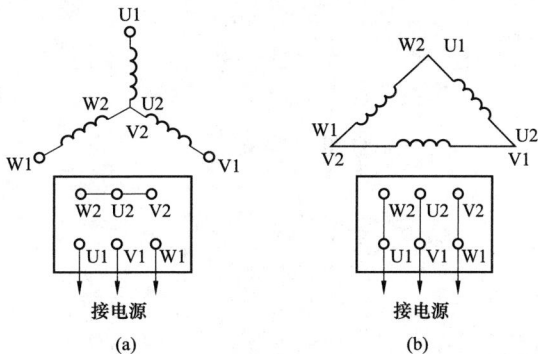

图 3-17　电动机定子绕组的接法
（a）丫连接；（b）△连接

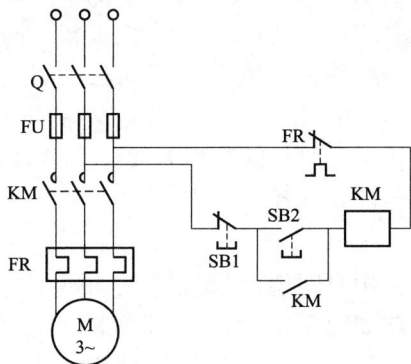

图 3-18　三相异步电动机直接启停控制线路

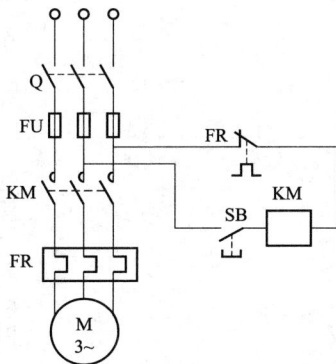

图 3-19　三相异步电动机点动控制线路

2. 自动往返运动控制

本实验通过电动机拖曳工作台（或运动部件）实现一次自动往返运动来同时验证电动机的正反转控制及行程控制，其工作示意图如图 3-20 所示。图中，行程开关 SQ1、SQ2 分别反映工作台的原位和终点。固定在工作台上的挡块随着工作台（或运动部件）的移动，分别与行程开关 SQ2、SQ1 碰撞，实现工作台（或运动部件）在两点之间的一次自动往返运动。

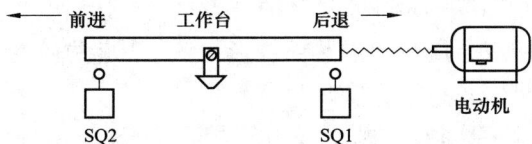

图 3-20　工作台自动往返运动工作示意图

三相异步电动机拖动工作台（或运动部件）实现一次自动往返运动的控制线路如图 3-21 所示，图中工作台的前进与后退运动由电动机正反转控制来实现，正反转控制的实现是通过更换相序（任意对调两根电源线）来改变电动机的旋转方向。线路中，为避免接触器 KMF（正转控制）、KMR（反转控制）的主触点同时得电吸合造成三相电源短路，在正转控制线路中串接有 KMR 动断触点，在反转控制线路中串接有 KMF 动断触点，从而保证线路工作时 KMF、KMR 不会同时得电，以达到电气互锁的目的。

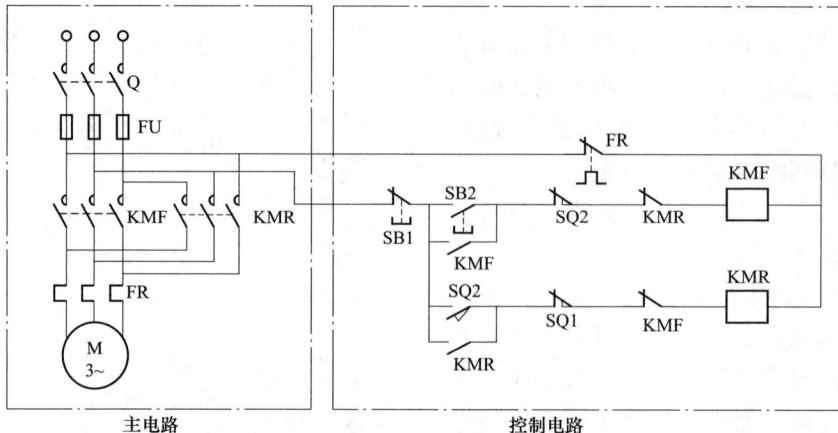

图 3-21　工作台自动往返运动控制线路

控制线路中 SQ1 控制实现电动机的原位停车，SQ2 控制实现电动机的反向运转。当工作台前进运动到限位之处时，SQ2 动作，切断正转控制线路，使电动机停止正转，同时接通反转控制线路，使电动机反向启动运转，工作台随之后退；当工作台后退运动到限位之处时，SQ1 动作，切断反转控制线路，使电动机停车，工作台停止运动。

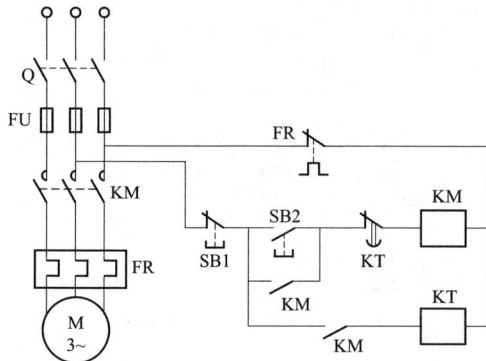

图 3-22　电动机延时停车控制线路

3. 时间控制

利用时间继电器实现电动机延时停车控制的电路如图 3-22 所示，即电动机启动后，经过一定时间的延时，时间继电器动作，切断控制电路，使电动机自行停车。

4. 线路的保护环节

（1）短路保护：由熔断器 FU 起短路保护作用。为扩大保护范围，在电路中，熔断器应安装在靠近电源端，通常安装在电源开关的下边。

（2）过载保护：采用热继电器 FR 实现电动机的长时间过载保护。当电动机出现长时间过载时，串联在电动机定子电路中的发热元件的双金属片因过热而变形，致使其串联在控制电路中的动断触点断开，切断控制电路，电动机停止运转，实现过载保护。

（3）零压（失电压）保护：当电源由于某种原因暂时断电或电压严重下降时，交流接触器的电磁吸引力急剧下降或消失，衔铁释放，动合主触点与自锁触点断开，电动机停止运转。而当电源电压恢复正常时，电动机不会自行启动运转，从而避免事故的发生。因此，有自锁功能的控制线路均具有欠电压或失电压的保护作用。

实际应用中，由于控制柜一般采用金属外壳，还应采取保护接零或保护接地。

5. 故障分析

（1）对于控制线路，接通电源后按启动按钮，若接触器动作而电动机不转动，说明主电路有故障，须进行检查；若电动机伴有嗡嗡声，则可能有一相断开，检查主电路电源熔断器或主电路的连接导线是否接触良好、有无断线等。

（2）接通电源后，按启动按钮，若接触器不动作，主要是控制电路有故障，检查接触器的触点是否接触良好，按钮接触是否正常，以及线圈和导线是否断线等。

6. S7-1200 PLC 的使用

PLC 是以继电器-接触器控制系统为基础，结合计算机技术、微电子技术、通信技术和自动控制技术而形成的新型工业控制器，通过执行用户编制的程序来实现或改变控制功能。PLC 不仅能实现开关逻辑和顺序控制，具有定时、计数、算术运算、数据处理、通信联网等功能，还可以实现（生产）过程控制、（转轴）运动控制及集散控制。与继电器-接触器控制系统相比，可编程控制器具有功能完善、通用性强、组合灵活、可靠性高、编程简单、体积小、功耗低等优点，已被广泛应用于国民经济的各个控制领域。

PLC 在使用时，外部的各种开关信号或模拟信号均为输入变量，这些经输入接口寄存到PLC 内部的数据存储器中，而后按用户程序要求进行逻辑运算或数据处理，最后以输出变量形式送到输出接口，从而控制输出设备。

应用 PLC 设计实现具有一定控制功能的控制系统时，可按以下步骤来完成。

（1）设计梯形图。

1）分析控制要求，确定并列出控制系统中的输入及输出信号，分配 I/O 端子并编号。

2）列出线路中控制电路部分所需的 PLC 内部编程元件，并进行编号。

3）根据梯形图编程规则编制梯形图。

（2）按照分配好的 I/O 端子编号，将 PLC 的输入端及输出端与外围的元器件相连。

（3）利用编程软件编写梯形图程序，并传送到 PLC 中。

（4）运行 PLC，验证梯形图程序的正确性。

实验使用的 S7-1200 PLC 是西门子公司 2009 年推出的小型机，符合 IEC 标准，设计紧凑、组态灵活、成本低廉，具有功能强大的指令集，可通过各种功能模块扩展 CPU 的能力，可配以可视化 HMI 显示面板。

CPU 的技术规范是 PLC 编程和使用的重要依据。西门子 S7-1200 PLC 具有多种 CPU 型号，不同型号 CPU 的主要特征和技术规范也有所不同。实验用 PLC 的 CPU 为 1214C 型，其主要特征和技术规范见表 3-6。

表 3-6　　　　　　　　　　　　　1214C 型 CPU 的主要特征和技术规范

特征量	数字量 I/O 点数	模拟量 I/O 点数	位存储器（M）	通信 I/O 接口	功能块（块）
1214C	14/10	2/0	8192B	PROFINET	1024

表 3-6 中的功能块包括定时器、计数器（定时器、计数器在质上属于函数块）、数据块（DB）、函数（FC）和函数块（FB）等，它们的使用总量不超过总块数即可。定时器、计数器没有编号，可以用背景数据块的名称来做它们的标识符，也可以加以更改。

1214C 型 CPU 具有两个输入信号通道—I0.0～I0.7 及 I1.0～I1.5，具有两个输出信号通道—Q0.0～Q0.7 及 Q1.0～Q1.1。通道起始地址也可根据使用需要加以修改。

本次实验用 PLC 来实现三相异步电动机的正反转控制及丫-△换接启动。正反转控制可通过改变电动机的相序来实现；丫-△换接启动是当电动机启动时接为星形，完成启动后换接为三角形，属于降压启动。控制原理不再累述，其控制用梯形图在实验步骤中已给出。

3.3.4 实验仪器及设备

实验仪器及设备见表3-7。

表 3-7　　　　　　　　　实 验 仪 器 及 设 备

名　称	型号或使用参数	数　量
三相异步电动机	380/220V（Y/△），0.28/0.5A，100W，1400r/min	1 台
交流接触器	380/220V，10A	2 个
行程开关	380V，5A	2 个
时间继电器	380V，50Hz，0.4~60s	1 个
热继电器	JR10-10	1 个
按钮	AC 600V，50Hz，10A	3 组
PLC 实验装置	PLC-Ⅲ型 PLC 实验箱	1 台
个人计算机	联想启天	1 台

3.3.5 注意事项

（1）电动机的转速很高，切勿触碰其转动部分，以免发生人身或设备事故。
（2）任一接线端子上所接导线尽量不超过两根，以保证接线的牢靠、安全。
（3）实验中改接电路时，必须断开电源，严禁带电拆接电路。
（4）实验过程中，按下按钮，线路有故障时，应立刻拉掉电闸，再用万用表检查线路。
（5）编程时要先进行设备配置，再进行程序编写。
（6）不允许带电拔插 PROFINET 数据通信线，以防损坏计算机及 PLC 通信接口。

3.3.6 实验内容与步骤

实验前，要识别并熟悉实验板上的交流接触器的线圈端子及触点，热继电器的热元件端子及触点，电动机的铭牌数据及其连接形式。

1. 三相异步电动机直接启动控制与点动控制

（1）三相异步电动机直接启动控制。在断电情况下，根据图 3-18 所示的直接启停控制线路。先接主电路，后接控制电路（实验中可不接热继电器）。接完线路并检查无误后，接通电源，通过按下启动按钮 SB2，观察电动机的连续运转情况。若要使电动机停止运转，可按下停止按钮 SB1。

（2）三相异步电动机点动控制。断开电源，将直接启动控制线路改接为图 3-19 所示的点动控制线路（主电路不变）。检查无误后，接通电源，通过按下按钮 SB，观察电动机的点动工作情况。

2．自动往返运动控制

断开电源，按先接主电路、后接控制电路的顺序，以及先接串联电路、后接并联电路的方法，根据图 3-21 所示电路连线（实验中可不接热继电器），要求任一接线端子上连接的导线尽量不超过两根，以保证接线的牢靠、安全。

接通实验台电源总开关后，按下正转启动按钮 SBF，观察电动机的转向和接触器的运行情况；然后，用手模拟工作台上的挡块压下行程开关 SQ2，观察电动机的运转情况；再用手模拟工作台上的挡块压下行程开关 SQ1，观察电动机的运转情况。随时按下停止按钮 SB1 可实现随时停车。

整个实验过程中，若遇到线路故障，自己应能够排除。实验结束后，要先断开电源，再拆除线路。

3．延时停车控制

（1）按图 3-22 所示的控制线路图接线，接线方法及原则同上。

（2）对时间继电器设定好时间，通电后按下启动按钮，检验控制电路是否能够完成延时停车控制。

4．PLC 的实验准备

在实验箱上，输入端子对应 DIGITAL INPUT 端点，输入公共端对应实验箱的 1M 端点；输出端子对应实验箱的 DIGITAL OUTPUT 端点，输出 Q0.0~Q0.4 的公共端对应实验箱的 1L 端点，Q0.5~Q0.7、Q1.0 和 Q1.1 的公共端对应实验箱的 2L 端点。

（1）将实验箱上 PLC 输入的公共端 1M 接 24V，PLC 输出的公共端 1L、2L 接 GND，按钮及自保持开关的共地端 COMS1、COMS2 接 GND，为 PLC 的使用做好准备。

（2）打开计算机，启动 TIA-STEP7（V14）编程软件，创建新项目，添加新设备选择 S7-1200 PLC，CPU 型号选为 1214C AC/DC/Rly，并选取所用实验箱上 PLC 的 CPU 订货号（6ES7 214-1BG40-0XB0）及固态版本（V4.0）。

（3）打开程序编辑器，为进行梯形图程序编制做好准备。

5．用 PLC 实现电动机的正反转控制

控制要求：在三相异步电动机的正反转控制中，只要按一次按钮便可实现由正转变为反转或由反转变为正转（即正、反转的转换不需先按停止按钮），并具有过载保护。

PLC 的 I/O 端点分配及外部接线参照表 3-8 及图 3-23。

表 3-8　正反转控制的 I/O 端点分配

PLC 输入	PLC 输出
I0.0（接插孔 TL4）	Q0.0 接 KMF 输出指示灯
I0.1（接插孔 TL6）	Q0.1 接 KMZ 输出指示灯
I0.2（接插孔 TL7）	
I0.3（接插孔 TL8）	

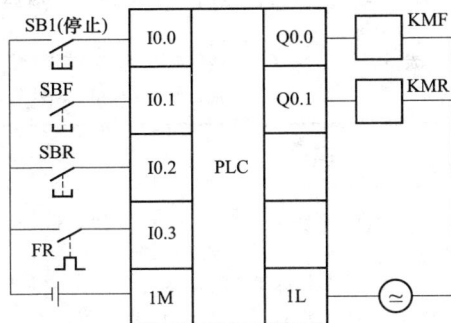

图 3-23　PLC 实现正反转控制的外部接线

（1）用扁平电缆线连接实验箱和电动机控制模块。闭合实验箱电源开关通电后，模块上的电源指示灯点亮。

（2）断开电源，参考表 3-8 给出的 PLC 实验系统的 I/O 端点分配及外部接线要求，对 PLC 进行外部接线。此接线对应于图 3-23 所示的接线要求。

（3）根据图 3-24 给出的正反转控制梯形图，利用 TIA-STEP7（V14）编程软件进行编程。

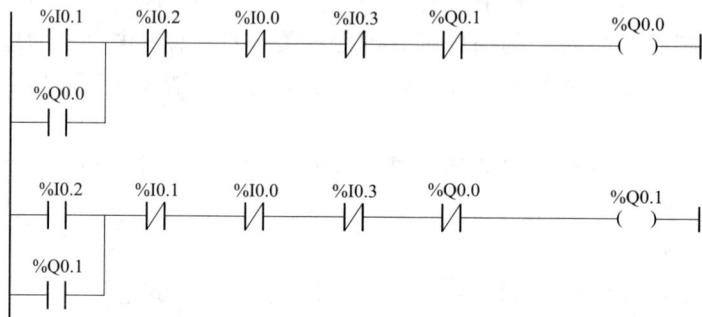

图 3-24　正反转控制梯形图

（4）接通实验箱电源，使 PLC 处于运行状态（RUN 指示灯亮），将编制好的梯形图程序编译后，传送到 PLC。

（5）操作并运行程序，观察运行状态。

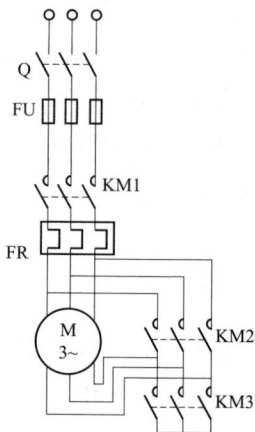

图 3-25　丫-△换接启动主电路

6. 用 PLC 实现电动机的丫-△换接启动

用 PLC 实现三相异步电动机丫-△换接启动的主电路如图 3-25 所示。启动时，KM1、KM3 首先同时闭合，电动机进行丫形连接降压启动。设 5s 后启动完成，此时断开 KM1、KM3，1s 后相继接通 KM2、KM1，电动机换为△形连接，并开始正常运行。

（1）断开电源，参考表 3-9 给出的 PLC 实验系统的 I/O 端点分配及图 3-26 给出的外部接线要求，对 PLC 进行外部接线。

（2）根据图 3-27 所示的梯形图，利用 TIA-STEP7（V14）编程软件编写梯形图程序，编制中将 DB0、DB1 背景数据块的默认名称分别改为 T0、T1。

表 3-9　　丫-△换接启动控制的 PLC 实验
系统 I/O 端点分配

PLC 输入	PLC 输出
I0.0（接插孔 TL4）	Q0.0 接 KM1 输出指示灯
I0.1（接插孔 TL6）	Q0.1 接 KM2 输出指示灯
I0.2（接插孔 TL7）	Q0.2 接 KM3 输出指示灯

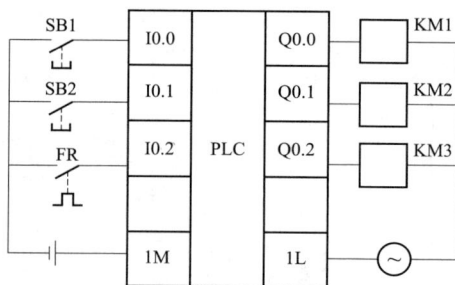

图 3-26　丫-△换接启动的 PLC 外部接线

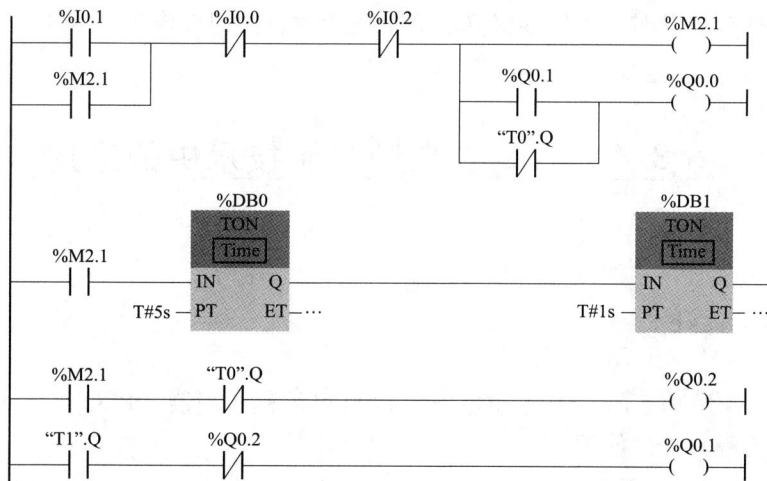

图 3-27　丫-△换接启动的梯形图

（3）将编制好的梯形图程序编译后，传送到 PLC（使 PLC 处于运行状态）。

（4）操作并运行程序，观察运行状态。

（5）结合梯形图，说明丫-△换接启动的控制过程。

3.3.7　实验报告要求

（1）在实验报告中画出实验中各项控制内容的控制线路图，PLC 实验的外部接线图及梯形图。

（2）根据电动机运行结果的实验验证给出各控制的动作次序。

（3）说明自锁、互锁的作用。

（4）分析正反转及丫-△换接启动控制的梯形图，说明控制原理。

（5）回答下面的思考题。

3.3.8　思考题

（1）对电动机的正反转控制，为什么必须保证两个接触器不能同时工作？可以采取什么措施解决这一问题？

（2）在实际的电动机控制线路中，都必须接热继电器，为什么在本实验中可以不接？试总结，在什么情况下可以不接？

（3）在图 3-21 所示的控制电路中，将 KMR 与 KMF 动断触点互换位置，按下 SBF 按钮，电路会发生什么现象？为什么？

（4）实验中，发现按下按钮后，接触器已可靠动作，但电机不转，请判断故障在何处？

（5）PLC 的工作过程与继电接触器控制系统相比有何区别？

（6）PLC 内部的编程器件是软器件，有大量触点可供使用，那么它们的线圈是否也可以多次使用？

（7）丫-△换接启动时，丫形连接降压启动完成后，为何要先断开 KM1 后再换接成△形连接？

3.4　PLC 在自动控制技术中的应用

3.4.1　实验目的

（1）进一步熟悉西门子（SIMATIC）S7-1200 可编程控制器（PLC），PLC 的硬件连接，STEP7（V14）编程软件的使用。

（2）认识循环彩灯的控制原理及控制方法。

（3）认识十字路口交通灯的控制原理及控制方法。

（4）加深理解 PLC 的控制原理、使用方法及运行特点。

3.4.2　预习要求

（1）复习 PLC 的基本工作原理及编程方法。

（2）阅读 3.1 节，认识 STEP7（V14）编程软件的使用方法，查看 3.3 节有关 PLC 编程过程及 CPU 为 1214C 型的 PLC 的说明。

（3）了解循环彩灯的控制原理。

（4）了解十字路口交通灯的控制原理。

3.4.3　实验原理与说明

PLC 在电气控制技术中的应用非常广泛，以下以循环彩灯控制和十字路口交通灯控制两个实验案例，进一步熟悉 PLC 的使用。

1. 循环彩灯控制

循环彩灯控制就是针对一组或多组彩灯进行控制，使其按照一定的时序闪烁方式或规律循环闪烁。随着社会经济的发展和技术的进步，生活中随处可见循环彩灯的应用，比如用于街道、楼宇的户外装饰照明，用于橱窗、门脸、公共场所、生活电器装饰等的艺术点缀。

用 PLC 来实现装饰彩灯及艺术照明灯的某种自动循环控制，较电子控制系统，具有接线简单，工作可靠，灵活性强，易于修改闪烁方式，维护方便等优点，由此得以推广开来，尤其是在多层次的大、中型艺术灯饰的控制方面被广泛采用。

循环彩灯可利用 PLC 中的定时器指令及计数器指令控制，也可利用循环移位指令控制。实验中，采用 PLC 实验箱上的两组各 4 只 LED 灯作为循环彩灯，其中 LED1～LED4 是当驱动其的 PLC 输出通道的公共端接低电平（GND）时工作，LED5～LED8 是当驱动其的 PLC 输出通道的公共端接高电平（24V）时工作。

2. 十字路口交通灯控制

通过路口交通信号灯对车辆、行人的通行指挥，使路口的车辆及行人尽可能地减少相互干扰，从而提高路口的通行能力，保障路口的畅通和安全，因而对交通管理起着至关重要的作用。路口交通灯分为车行道交通灯和人行道交通灯，车行道交通灯又包含有区分不同方向的信号灯。另外，对于十字路口、三岔路口和五岔路口的交通灯有不同的控制要求。

本次实验模拟控制的十字路口交通灯分为东西方向和南北方向两对共 4 组交通灯，控制车辆有次序地在东西向、南北向正常通行。因为同方向的一对交通灯的变化完全相同，所以可以将同方向的一对交通灯合并起来。

具体的控制要求如下：

（1）东西向：绿灯亮 30s，接着黄灯亮 5s，然后红灯亮 40s，依此循环。

（2）南北向：红灯亮 35s，接着绿灯亮 35s，然后黄灯亮 5s，依此循环。

两对交通灯要满足交替放行的制约关系，即每对交通灯的红灯亮的时间等于另一对交通灯的绿灯亮加黄灯亮的时间，两对交通灯完成一个循环周期的时间均为 75s。十字路口交通灯控制时序图如图 3-28 所示。

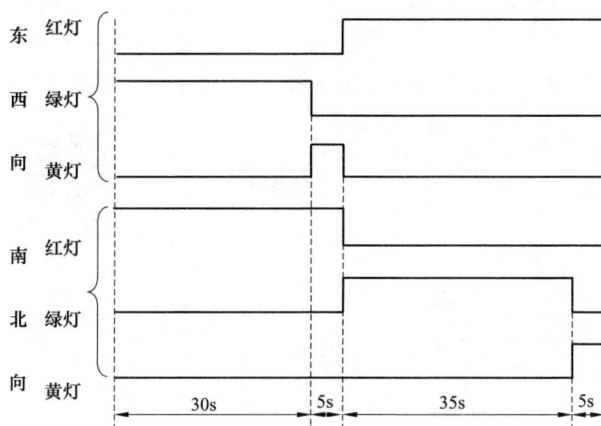

图 3-28　十字路口交通灯控制时序图

（1）单方向交通灯的控制程序。以东西向交通灯的控制为例，说明单方向交通灯的控制程序。I/O 端点分配：I0.0 接启动按钮，I0.1 接停止按钮，Q0.1 接红灯，Q0.2 接绿灯，Q0.3 接黄灯。

控制用基于定时器的时序控制梯形图程序如图 3-29 所示，图中定时器 DB× 背景数据块名称改为对应的 T×。程序中包含启停控制，为符合实际，增加了绿灯最后 3s 要进行闪动的时序程序。

在时序控制程序基础上，编制的信号灯控制梯形图程序如图 3-30 所示。图中，由定时器 DB11、DB12 构成的振荡器为绿灯的闪动提供闪动频率（1Hz）信号。控制过程：首先使绿灯（Q0.2）亮 27s，接着闪动 3s，然后黄灯（Q0.3）亮 5s，再接着红灯（Q0.1）亮 40s，完成一个循环。

利用 STEP7（V14）编程软件编写程序时，可将时序控制程序作为程序段 1、信号灯控制程序作为程序段 2 来编写。

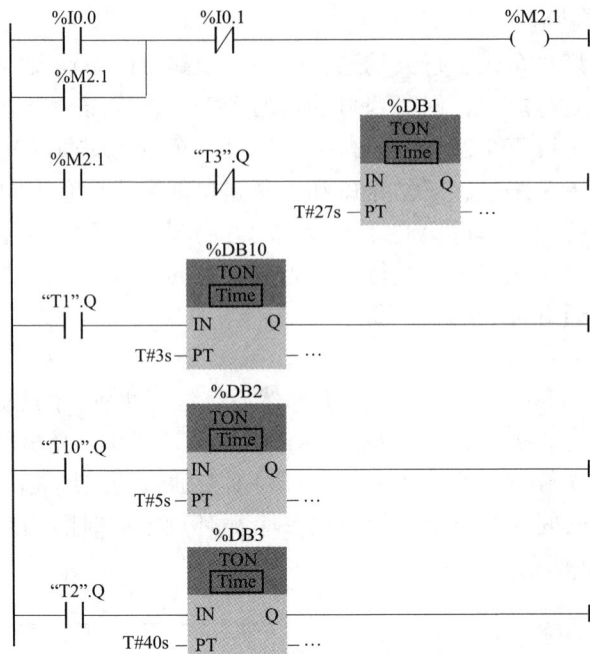

图 3-29 控制用基于定时器的时序控制梯形图程序

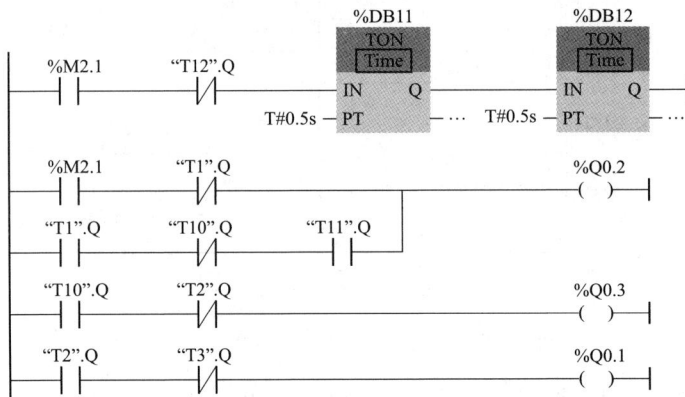

图 3-30 信号灯控制梯形图程序

（2）十字路口交通灯的控制程序。在东西向单方向交通灯的控制程序的基础上，再增加南北向交通灯的控制程序，就构成了完整的十字路口交通灯的控制程序。

南北向交通灯与东西向交通灯同时运行，且信号周期是相同的。南北向交通灯的控制程序与东西向的控制程序类似，只是要满足东西向红灯亮时，南北向绿灯和黄灯相继亮；反过来，南北向红灯亮时，东西向绿灯和黄灯相继亮。绿灯闪动频率信号同样可由定时器 DB11、DB12 构成的振荡器提供。

3.4.4 实验仪器及设备

实验仪器及设备见表 3-10。

表 3-10　　　　　　　　　　　　　实 验 仪 器 及 设 备

名　　称	型号或使用参数	数　　量
PLC 实验装置	PLC-Ⅲ型 PLC 实验箱	1 台
个人计算机	联想启天	1 台
数据通信线	PROFINET 数据通信线	1 根

3.4.5　注意事项

（1）实验中，改接电路时，必须断开电源，严禁带电拆接电路。

（2）编程时，要先进行设备配置，再进行程序编写。

（3）不允许带电拔插 PROFINET 数据通信线，以防损坏计算机及 PLC 通信接口。

3.4.6　实验内容与步骤

1. PLC 的实验准备

在实验箱上，输入端子对应 DIGITAL INPUT 端点，输入公共端对应实验箱的 1M 端点；输出端子对应实验箱的 DIGITAL OUTPUT 端点，输出 Q0.0~Q0.4 的公共端对应实验箱的 1L 端点，Q0.5~Q0.7、Q1.0 和 Q1.1 的公共端对应实验箱的 2L 端点。

（1）将实验箱上 PLC 输入的公共端 1M 接 24V，PLC 输出的公共端 1L 接 GND、2L 接 24V，按钮及自保持开关的共地端 COMS1、COMS2 接 GND，为 PLC 的使用做好准备。

（2）打开计算机，启动 TIA-STEP7（V14）编程软件，创建新项目，添加新设备选择 S7-1200 PLC，CPU 型号选为 1214C AC/DC/Rly，并选取所用实验箱上 PLC 的 CPU 订货号（6ES7 214-1BG40-0XB0）及固态版本（V4.0）。

（3）打开程序编辑器，为进行梯形图程序编制做好准备。

2. 彩灯的闪烁控制验证

（1）断开实验箱电源，按表 3-11 所示的实验箱接线要求（I/O 端点分配），在图 3-31 所示的 PLC 外部接线图基础上进行硬件接线。

表 3-11　　　　彩灯闪烁控制的 I/O 端点分配

PLC 输入	PLC 输出
I0.0（接按钮 S2 的 P01 口）	Q0.1（接灯 LED1）
I0.1（接按钮 S3 的 P02 口）	Q0.2（接灯 LED2）
I0.2（接按钮 S4 的 P03 口）	Q0.3（接灯 LED3）

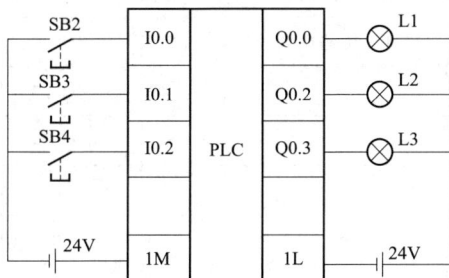

图 3-31　PLC 外部接线

（2）按图 3-32 所示的梯形图在计算机上利用 TIA-STEP7（V14）编程软件进行梯形图

程序编制，编制中将 DB1、DB2 背景数据块的默认名称分别改为 T1、T2。

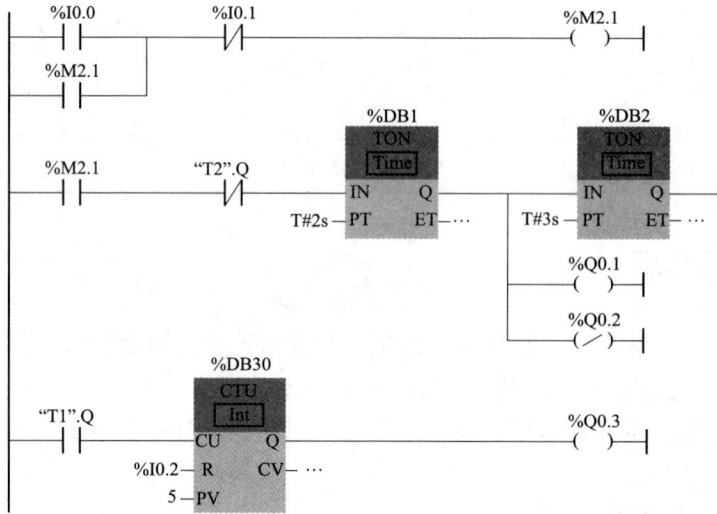

图 3-32　彩灯闪烁控制梯形图

（3）接通实验箱电源，使 PLC 处于运行状态（RUN 指示灯亮），将编制好的梯形图程序编译后，传送到 PLC。

（4）操作并运行程序，观察运行状态。说明：图 3-23 中，按钮 S2 为启动按钮，按钮 S3 为停止按钮，按钮 S4 为计数器复位按钮。

（5）根据梯形图及实验运行结果，说明彩灯按照什么方式闪烁。

3. 基于定时器指令的 8 只彩灯循环控制

控制要求：LED1～LED4 隔灯闪烁，LED5～LED8 两两闪烁，两组彩灯的闪烁间隔时间均为 1s。

（1）断开实验箱电源，参照表 3-12 给出的 PLC 的 I/O 端点分配及图 3-33 所示的外部接线要求，进行外部硬件接线。

表 3-12　　　　　彩灯循环控制的 I/O 端点分配

PLC 输入	PLC 输出
I0.0（接按钮 S2 的 P01 口）	Q0.1（接灯 LED1）
I0.1（接按钮 S3 的 P02 口）	Q0.2（接灯 LED2）
	Q0.3（接灯 LED3）
	Q0.4（接灯 LED4）
	Q0.5（接灯 LED5）
	Q0.6（接灯 LED6）
	Q0.7（接灯 LED7）
	Q1.0（接灯 LED8）

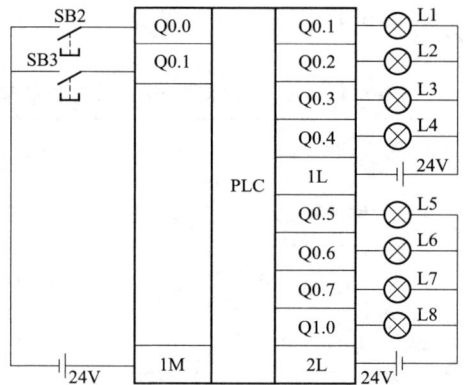

图 3-33　循环彩灯控制 PLC 外部接线图

（2）根据图 3-34 给出的基于定时器指令的 8 只彩灯循环控制梯形图，利用 TIA-STEP7（V14）编程软件进行程序编制。编制中将 DB1、DB2 背景数据块的默认名称分别改为 T1、T2。

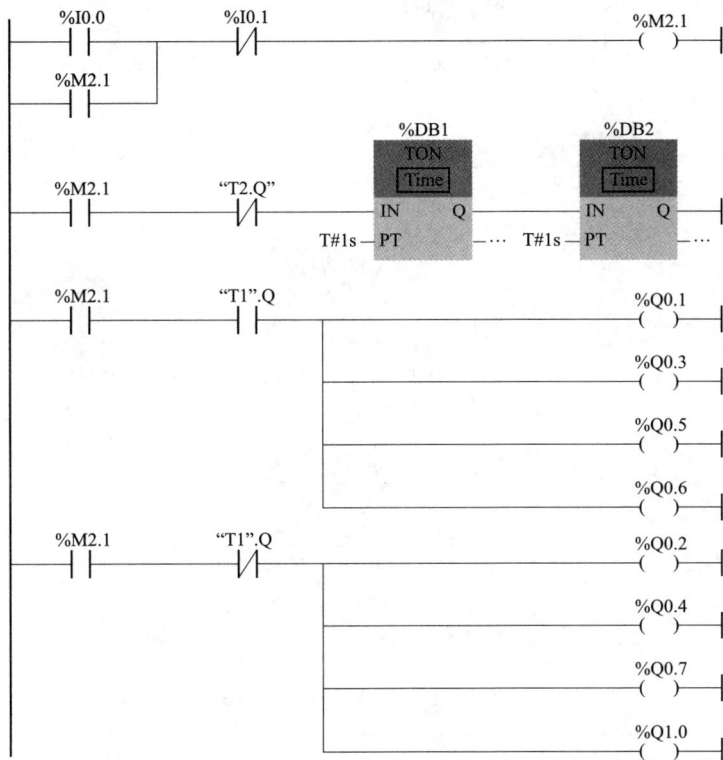

图 3-34 基于定时器指令的 8 只彩灯循环控制梯形图

（3）将编制好的梯形图程序编译后，传送到 PLC。

（4）操作并运行程序，观察彩灯闪烁的规律。

4. 基于循环移位指令的 8 只彩灯循环控制

（1）保持 PLC 外部硬件接线不变的基础上，将 I0.2 接至开关 PH01 上。

（2）根据图 3-35 所示的梯形图，利用 TIA-STEP7（V14）编程软件编写梯形图程序。

（3）将编制好的梯形图程序编译后，传送到 PLC（使 PLC 处于运行状态）。

（4）操作并运行程序，运行中分别断开和闭合 PH01，观察彩灯的闪烁方式；将首条 MOVE 指令的移动数值在 0~255 范围内改为其他数值，观察彩灯的闪烁规律。

（5）结合梯形图，说明彩灯的循环闪烁规律。

5. 单方向交通灯的控制

（1）按表 3-13 所示的 PLC 的 I/O 端点分配及图 3-36 所示的实现交通灯控制的 PLC 外部接线图，进行本次实验的硬件接线。注：PLC 输出的公共端 2L 改为 GND。

（2）按图 3-29 及图 3-30 所示的梯形图，在计算机上利用 TIA-STEP7（V14）编程软件进行梯形图程序段 1 及程序段 2 的编制，编制中将定时器 DB× 背景数据块的默认名称分别改为对应的"T×"。

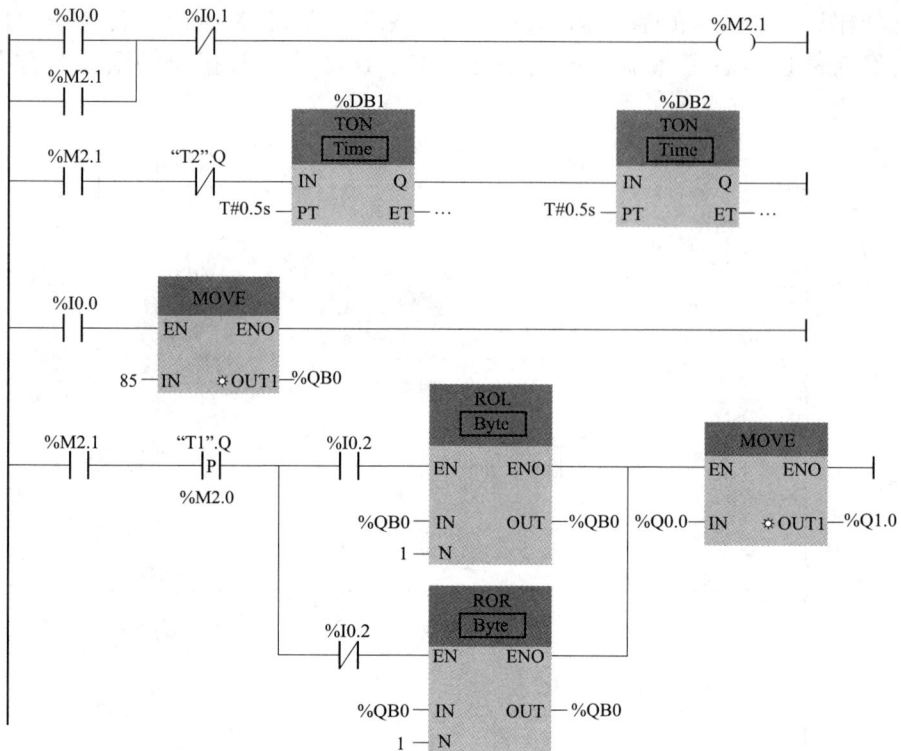

图 3-35 基于循环移位指令的彩灯循环控制梯形图

表 3-13 交通灯控制的 I/O 端点分配

PLC 输入	PLC 输出
I0.0 接按钮 S2 的 P01 口（交通灯控制启动按钮）	Q0.1 接实验箱的交通灯模型控制插孔 TL1（东西方向红灯）
	Q0.2 接实验箱的交通灯模型控制插孔 TL6（东西方向绿灯）
	Q0.3 接实验箱的交通灯模型控制插孔 TL4（东西方向黄灯）
I0.1 接按钮 S3 的 P02 口（交通灯控制停止按钮）	Q0.4 接实验箱的交通灯模型控制插孔 TL5（南北方向红灯）
	Q0.5 接实验箱的交通灯模型控制插孔 TL3（南北方向绿灯）
	Q0.6 接实验箱的交通灯模型控制插孔 TL2（南北方向黄灯）

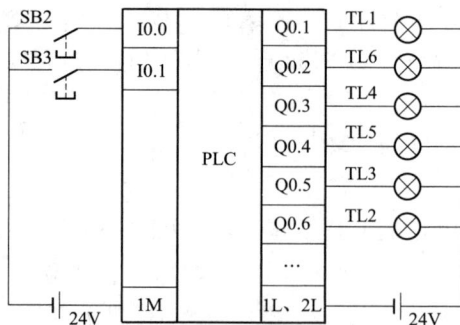

图 3-36 交通灯控制的 PLC 外部接线图

（3）接通实验箱电源，使 PLC 处于运行状态（RUN 指示灯亮），将编制好的梯形图程序编译后，传送到 PLC。

（4）操作并运行程序，观察运行结果。

6. 十字路口交通灯的控制

（1）将图 3-37 所示的南北向交通灯控制梯形图程序作为程序段 3，在程序段 1 及程序段 2 的基础上继续进行程序编制。

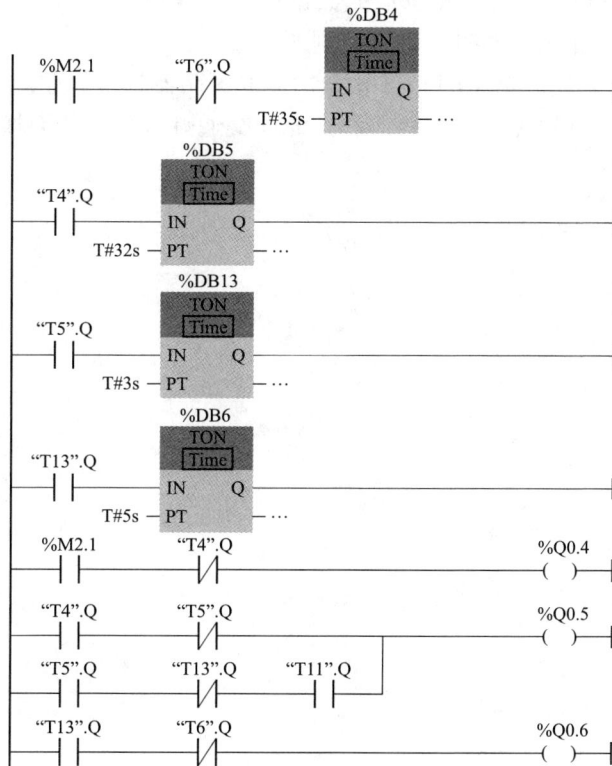

图 3-37　南北向交通灯控制梯形图程序

（2）将编制好的总体十字路口交通灯的控制程序编译后，传送到 PLC。

（3）操作并运行程序，观察运行结果。

3.4.7　实验报告要求

（1）画出实验中各项控制内容的 PLC 外部接线图及梯形图。

（2）根据实验内容的梯形图及运行结果，说明彩灯闪烁的规律。

（3）分析彩灯循环控制的梯形图，说明控制原理。

（4）根据交通灯控制实验内容的梯形图及运行结果，说明交通灯的变化规律。

（5）分析交通灯控制的梯形图，说明控制原理。

（6）回答下面的思考题。

3.4.8　思考题

（1）如何更改定时器背景数据块的名称？

（2）现要使 LED1~LED4 两两闪烁，LED5~LED8 隔灯闪烁，在图3-34 所示梯形图的基础上，如何更改？

（3）实验中循环移位指令为什么选取的数据类型是 Byte？

（4）交通灯采取了什么样的时序进行控制？

（5）图3-30 中，由定时器 DB11、DB12 构成的振荡器的工作原理是什么？

（6）十字路口交通灯的控制，东西向和南北向交通灯应满足什么样的制约关系？

第 **4** 章 模拟电子技术实验

4.1 分立器件模拟电路的综合

4.1.1 实验目的

（1）熟悉直流稳压电源各组成环节的作用及工作原理。

（2）了解整流滤波效果及稳压输出的特性。

（3）掌握直流稳压电源各主要参数的基本测试方法。

（4）学会测量和调试单级电压放大电路静态工作点的基本方法。

（5）学习电压放大倍数的测定方法，观察负载电阻对电压放大倍数的影响。

（6）观察静态工作点对放大倍数及输出电压波形的影响；了解共射极放大电路的特点。

4.1.2 预习要求

（1）复习教材中有关直流稳压电源工作原理的内容。

（2）理解直流稳压电源各组成部分的作用，以及输出与输入之间的关系。

（3）按本次实验对稳压电源的指标要求，通过分析计算选取好各环节元器件参数。

（4）复习放大电路的基本内容，理解静态工作点、电压放大倍数等性能指标的含义及计算方法，了解产生非线性失真的原因。

（5）回顾第 1 章双踪示波器的使用方法。

4.1.3 实验原理与说明

模拟电路中二极管、晶体三极管是最常用的半导体分立器件。本实验由二极管及相应器件构成直流稳压电源，并为搭建的晶体三极管放大电路提供直流稳定电压，测试直流稳压电源及放大电路的工作特性。

1. 直流稳压电源

电子设备中所用的电源绝大部分是直流电源，而电网所提供的是交流电源，因此需要把交流电变换为直流电。直流稳压电源就是用来完成这一功能的。具体变换过程如下：首先，用变压器从电网上获得一定大小的交流电压；然后，利用二极管的单向导电性，将交流电压变换成一个单方向的脉动电压；再通过滤波电路，滤掉其中的脉动成分，从而得到比较平稳的直流电压。这个过程称为整流和滤波。最后，通过稳压电路，使输出电压基本上不随电网电压（或负载）的改变而改变。

本实验采用单相桥式整流电路、电容滤波及三端集成稳压器构成直流稳压电源，参见图 4-1 所示实验电路。

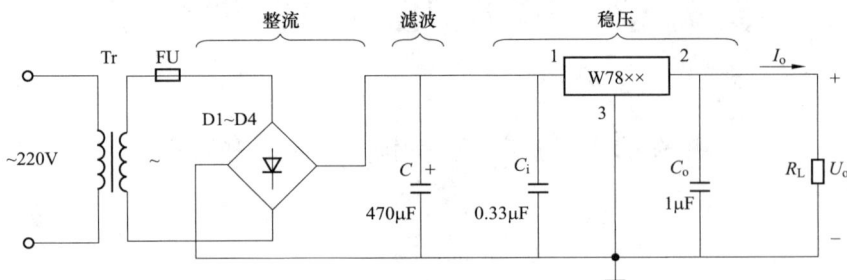

图 4-1　直流稳压电源实验电路

直流稳压电源的技术指标包括两项：一是特性指标，即直流稳压电源的输出电压（或电压可调范围）和最大输出电流，它规定了该稳压电源的适用范围；二是质量指标，如电压变化率、输出电阻、纹波电压及温度系数等。

其中，输出电阻 r_o 反映了当输入电压 u_i 及环境温度 T 保持不变时，输出电压 U_o 的变化与负载电流 I_o 的变化的对应关系，即

$$r_o = \frac{\Delta U_o}{\Delta I_o} \bigg|_{\substack{\Delta T = 0 \\ \Delta U_i = 0}}$$

需要说明的是，实验测量时，因为 r_o 的值很小（0.1Ω 左右），所以 ΔU_o 的值（一般为微伏或毫伏级）比 U_o 的实际值小很多，普通直流电压表不能直接测出 $\Delta U_o = U_{o1} - U_{o2}$，应选用高准确度的数字电压表。在没有高准确度数字电压表的情况下，可利用较差法测量，即利用普通直流电压表测出参考电源电压与被测稳压电源电压之间的差值，其测量原理如

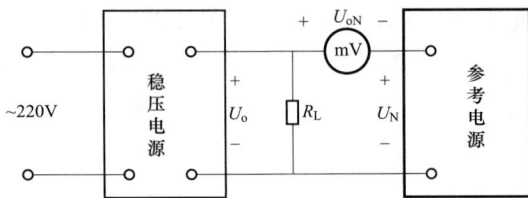

图 4-2　较差法测量原理图

图 4-2 所示。关键是借助一个 $U_N \approx U_o$ 的参考电压，把直流电压表接在 U_o 与 U_N 之间，当负载由某一阻值变动到另一阻值时，便可通过直流电压表测出 U_o 的变化量 $\Delta U_o = U_{o1} - U_{o2} = U_{oN1} - U_{oN2}$，再根据负载的两个不同阻值算出相应的 ΔI_o（也可测量得到），即可求出输出电阻 r_o。

纹波电压 u_{ov} 指在稳压器的直流输出电压 U_o 上叠加的交流分量，对于半波整流电路，其频率是 50Hz；对于全波整流电路，其频率是 100Hz。显然，质量指标反映了稳压电源的质量优劣。

2. 晶体管单管放大电路

在电子线路中，放大电路的应用是非常广泛的，绝大多数的电子仪器和设备要用到它。晶体管单级放大电路是基本的放大器，深入了解和掌握它的调试和测量方法是很重要的。

图 4-3 所示为实验用放大电路，它是常用的共射极的具有稳定静态工作点的分压式单级低频电压放大电路。

图 4-3 中，R_P 是专为调节静态值而设置的，晶体管的 β 值可通过相应的实验测量值算出。下面以此图说明有关静态工作点、电压放大倍数 A_u 等的测试方法。

（1）调整和测量静态工作点。为保证放大电路的正常工作，应有一个大小合适的静态工作点，即该工作点处于晶体管特性曲线上放大区适中的位置。否则，工作点设置过高，晶体管工作在饱和区，产生饱和失真；工作点设置过低，晶体管工作在截止区，产生截止失真。为此，在选定工作点时，还必须进行动态调试，即在放大电路的输入端加入一定的输入信号 u_i，观测输出电压 u_o 的波形及大小是否满足要求。

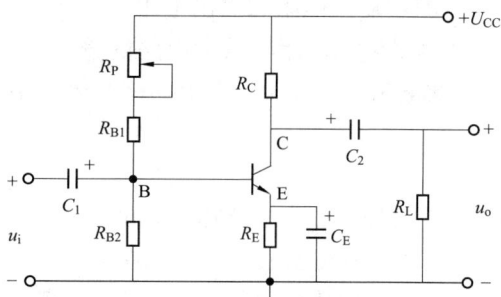

图 4-3　分压式单级低频电压放大电路

在图 4-3 中，调节偏置电路中的电阻 R_P，可以调整、改善放大电路的静态工作点。测量静态值时，为避免改接线路，应尽可能测电压而不测电流。当要测图 4-3 所示电路的 I_C 时，可用电压表（万用表）测出集电极 C 的电位 V_C，利用 R_C 的已知值，就可求出 $I_C = (U_{CC} - V_C)/R_C$。在一般情况下，根据 I_C、U_{CE}、U_{BE} 就可以判别晶体管的工作状态，不需要测出 I_B。

测静态工作点时，应该在没有输入信号的情况下测试。没有输入信号不仅指在输入端不接信号源，还应防止外界干扰信号混入放大器和放大器本身产生的自激振荡。通常可将输入端短接。

（2）测量动态性能指标。交流电压放大电路要求在不失真的情况下，对信号进行有效放大，其动态性能指标包括电压放大倍数、输入电阻、输出电阻、最大不失真输出电压（动态范围）和通频带等。

1）测量电压放大倍数。交流电压放大倍数 A_u 指放大电路的输出电压与输入电压的相量之比，其一方面反映了输出电压与输入电压的大小关系，另一方面也反映了两者的相位关系。

电压放大倍数的测量实际上是交流电压的测量。对于输出与输入电压大小关系的测量，通常有两种方法。

① 用交流毫伏表直接测量读数，该法适用于测量正弦电压。此时

$$|A_u| = \frac{U_o}{U_i}$$

式中：U_i、U_o 分别为输入和输出信号电压的有效值。

② 通过示波器对输入信号电压和输出信号电压进行比较测量的方法，不仅适用于正弦电压，也适用于非正弦电压的测量。

采用两种方法进行测量时，输入信号幅值不可太大，以保证输出波形不会失真。为观察、了解波形的失真情况及输出电压与输入电压的相位关系，实验中可利用双踪示波器进行观测。

进行电子测量时需注意，为防止外界干扰，测量仪器（如示波器）的公共接地端应和被测电路的接地端连接在一起，称为共地。另外，应尽可能测电压而不测电流。因为测电流必须把电流表串入测试线路，十分不便；而测电压，只要把电压表并联到被测两点之间，无须对被测电路进行任何改动。

2）测量输入电阻和输出电阻。

① 测量输入电阻：放大电路的输入电阻指从放大电路输入端看入电路，放大器所呈现出的等效电阻 r_i。其大小是由晶体管输入阻抗和偏流电阻等因素决定的，即

$$r_i = \frac{U_i}{I_i}$$

式中：U_i 为加到放大电路输入端的电压有效值；I_i 为流入输入端的电流有效值。

可见，只要测出放大器输入端的电压 U_i 和流过输入端的电流 I_i，便可由上式求得 r_i。但是，由于 I_i 一般比较小（微安级），若实验室不具备高灵敏度的交流电流表，可采用串联电阻法或替代法进行测量，具体方法参见 1.3 节。

② 测量输出电阻：放大器的输出端可以等效成一个电压源，其等效内阻即为输出电阻 r_o。输出电阻 r_o 的大小反映了放大器的带负载能力，可利用两次电压法进行测量，具体方法参见 1.3 节。

3）测量放大电路通频带。保持放大器输入信号幅值 U_{im} 不变，调节信号发生器输出信号的频率，找出放大器放大倍数下降到原来 A_u 值的 $1/\sqrt{2} \approx 0.707$ 倍时所对应的两信号频率（即被测放大电路的上限频率 f_H 和下限频率 f_L），再算出放大器通频带 $f_{bw} = f_H - f_L \approx f_H$（$f_L$ 过小，此处忽略不计）。

4.1.4 实验仪器及设备

实验仪器及设备见表 4-1。

表 4-1   实 验 仪 器 及 设 备

名　　称	型号或使用参数	数　　量
电子技术实验装置	SBL-2	1 台
双踪示波器	GDS-1000	1 台
数字万用表	VC890D	1 块
任意波形信号发生器	AFG-2225	1 台
直流电源供应器	GPD-3303	1 台
交流毫伏表	GVT-417B	1 台

4.1.5 注意事项

（1）实验中不允许用示波器观察电源或变压器一次侧的电压波形，以免造成电源短路或损坏示波器。

（2）实验过程中，为避免烧坏变压器二次侧熔断器，不得带电接线，应先接好电路，确定无误后再接通电源。

（3）如改变放大电路输入的交流信号，幅度不要过大，以免烧坏三极管。

（4）使用示波器、任意波形信号发生器时，要可靠接地。

（5）数字万用表在使用过程中，应注意调换量程时，必须将测试表笔从电路中移开，以免烧坏仪表。

4.1.6 实验内容与步骤

稳压电源要求：交流输入电压为 220V；直流输出电压为 12V，最大输出电流为 500mA；纹波小于 20mV，有过电流保护。直流稳压电源实验电路如图 4-1 所示。实验前按稳压电源的要求选取好各环节的元器件参数（预习时完成）。

1. 测量单相桥式整流及滤波电路

（1）桥式整流无滤波电路。在 9 孔插件方板上参照图 4-1 先连接出单相桥式整流无滤波电路，整流输出端并接 $330\Omega/1W$ 的负载电阻。经指导教师检查无误后接通电源，先用数字万用表测出变压器二次侧电压，以便计算，然后按表 4-2 的要求进行测量及观察。

（2）桥式整流带滤波电路。在整流电路的基础上连接构成电容（$C=470\mu F$）滤波电路，用数字万用表测量其输出端分别接 $330\Omega/1W$ 和 $1k\Omega/0.25W$ 电阻时的输出电压值，用示波器观察滤波输出的电压波形，将结果记入表 4-2 中。

将表 4-2 中的测量值与计算值进行比较，分析误差原因。

表 4-2　　　　　　　　　　　单相桥式整流及滤波电路的测量

项　　目		输出 U_o（V）测量值	输出电压波形
单相桥式整流及滤波	无滤波		
	C 滤波　　$R_L=330\Omega$ 时		
	$R_L=1k\Omega$ 时		

2. 观测稳压电路的输出

（1）观测稳定输出电压。

1）在桥式整流及滤波（$C=470\mu F$）电路之后接入三端稳压器及电容 C_i、C_o。

2）接通电源，用数显式直流电压电流表（或万用表）分别测量负载电阻取 $330\Omega/1W$、$1k\Omega/0.25W$ 和 $10k\Omega/0.25W$ 时的输出电压及负载电流，将数据记入表 4-3 中。观察稳压电源输入电压不变、负载变化时的输出电压有何变化。

表 4-3　　　　　　　　　　不同负载下输出电压、电流的测量

R_L	330Ω	$1k\Omega$	$10k\Omega$
U_o			
I_L			

（2）测量输出电阻。

1）取 +12V 直流电源作为参考电源 U_N，按图 4-2 所示的较差法测量原理图，在图 4-1 所示电路输出端连接电路（注意极性）。这里用万用表直流毫伏挡（或直流毫伏表）

测量。

2）取参数为 330Ω/1W 的负载电阻 R_L，用数字万用表测出两电源间的电压 U_{oN1}，则 $U_{o1} = U_{oN1} + U_N$，并利用关系式 $I_o = U_o/R_L$ 计算出相应的输出电流 I_{o1}；再将负载开路，测出 U_{oN2}，则 $U_{o2} = U_{oN2} + U_N = U_{oC}$，此时输出电流 $I_{o2} = 0$。将结果填入表 4-4 中。

3）利用关系式 $r_o = \dfrac{\Delta U_o}{\Delta I_o} = \dfrac{|U_{o1} - U_{o2}|}{|I_{o1} - I_{o2}|} = \dfrac{|U_{oN1} - U_{oN2}|}{|I_{o1} - I_{o2}|}$ 算出输出电阻 r_o 的大小，将结果填入表 4-4 中。

4）将 $U_{o1} = U_{oN1} + U_N$ 视作额定电压，根据公式 $\Delta U\% = \dfrac{U_{oC} - U_{o1}}{U_{o1}} \times 100\%$ 计算电压变化率，将结果记入表 4-4 中。

*（3）纹波电压的观测。去掉参考电源，保持 $R_L = 330\Omega$，用示波器在输出端观测出纹波电压的峰-峰值 $U_{ov(p-p)}$，将数据填入表 4-4 中。纹波电压也可用交流毫伏表测出，但由于纹波电压不再是正弦电压，交流毫伏表的读数并不能代表纹波电压的有效值。

表 4-4　　　　　　　　　　　　　稳 压 输 出 的 观 测

条件	测量值	计算值		观测值
	U_{oN}（mV）	I_o（mA）	r_o（Ω）	$\Delta U\%$	$U_{ov(p-p)}$（mV）
$R_L = 330\Omega$					
负载开路时					

*3. 稳压电源功能的扩展

在图 4-1 和图 4-2 的基础上，自行设计可以扩大输出电流或具有可调输出电压的稳压电路，并将其实现。

4. 测量放大电路的静态工作点

（1）在实验用 9 孔插件方板上，按图 4-4 所示工作点稳定的放大电路图接线，并将 R_P 的阻值调至最大位置；+12V 直流电源由前面搭建好的直流稳压电源提供。注意：放大电路与直流电源（"-" 极性端）要进行共地连接。

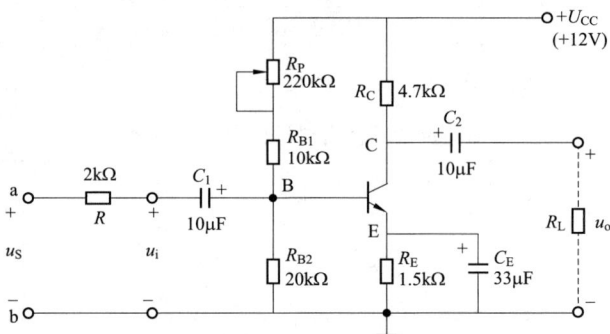

图 4-4　工作点稳定的放大电路

（2）将信号发生器的正弦输出信号调至频率 $f = 1\text{kHz}$、幅值 $U_m = 25\text{mV}$，接到放大电路的

a、b 端。将示波器接至输出端，以观察 u_o 的波形。

（3）调节放大电路基极电位器 R_P，观察输出端 u_o 的波形，并在不失真的情况下，使输出波形幅值最大，即可确定电路的最佳静态工作点；还可逐渐增加信号源 u_S 的幅值，用示波器观察放大器的输出电压 u_o 的波形，若放大器的截止失真和饱和失真同时出现，工作点合适，若不是同时出现，通过调节电位器 R_P 的阻值来得到合适的工作点。

（4）去掉信号源（即静态下），将输入端短接，以防止外界干扰信号混入放大器。用万用表的直流电压挡测量此时的电位 V_B、V_C、V_E，并计算出相应的 U_{BE}、U_{CE} 及 I_C 的值，将结果填入表 4-5 中。

表 4-5　　　　　　　　　　　　放大电路静态工作点的测量

测量数值			计算值		
V_B（V）	V_C（V）	V_E（V）	U_{BE}（V）	U_{CE}（V）	I_C（mA）

5. 测量放大电路的动态参数

（1）保持静态工作点不变，将信号发生器输出的正弦信号 u_S（频率 $f=1\text{kHz}$、幅值 $U_m=25\text{mV}$）接至放大电路的 a、b 端。

（2）用示波器监视放大电路的输入信号 u_i 和输出信号 u_o 的波形，并比较相位。

（3）按表 4-6 的要求，用示波器（或交流毫伏表）测量得到输出端空载及带负载时的输出电压 U_o 及相应的输入电压 U_i 的大小，同时应保证输出不失真，若有失真，可改变输入信号的大小。计算出电压放大倍数 A_u 的大小，将结果填入表 4-6 中。

（4）去掉旁路电容，重新测量输出端开路及带负载时的输出电压 U_o，计算出相应的电压放大倍数 A_u 的大小，比较去掉旁路电容前后 A_u 的变化，分析其原因。

（5）根据测量结果，计算有 C_E 和无 C_E 两种情况下的输入电阻 r_i 及输出电阻 r_o，将结果填入表 4-6 中，并加以比较。

表 4-6　　　　　　　　　　　　放大电路动态参数的测量

项目	负载	有 C_E 时			无 C_E 时		
		实测		计算	实测		计算
U_S（mV）	R_L（kΩ）	U_i（mV）	U_o（V）	A_u	U_i（mV）	U_o（V）	A_u
	∞						
	5						
	2.4						
r_i（kΩ）							
r_o（kΩ）							

放大电路 u_i 输入端的输入电阻 r_i 及输出电阻 r_o 的测量方法分别利用了串联电阻法及两次电压法，具体方法介绍参见 1.3 节。图 4-4 中，r_i 及 r_o 的计算式分别为

$$r_i = \frac{U_i}{U_S - U_i}R$$

$$r_o = \frac{U_{OC} - U_L}{U_L}R_L$$

式中：U_{OC} 为负载开路（$R_L = \infty$）时的输出电压；U_L 为输出端接有负载 R_L 时对应的输出电压，计算时取 $R_L = 5k\Omega$。

6. 定性观察静态工作点对电压放大倍数的影响

（1）在保持信号源频率不变的条件下，使 $R_L = 5k\Omega$，逐渐加大信号源幅值，在示波器上得到最大不失真输出电压波形，通过示波器直接读出电压峰-峰值 $U_{o(p-p)}$（或用交流毫伏表测出 U_o，则 $U_{o(p-p)} = 2\sqrt{2}U_o$），将数据记入表 4-7 中。

（2）在保持得到的最大不失真输出电压波形稳定的情况下，分别调节增大或减小 R_P，使波形出现失真，判断失真类型，将结果记入表 4-7 中。

表 4-7 静态工作点对电压放大倍数的影响

R_P	不变	增大	减小
u_o 波形	 $U_{o(p-p)} =$		
失真类型			

4.1.7 实验报告要求

（1）在实验报告中绘出实验电路，完成记录表格中要求的记录内容及相应的计算。

（2）说明负载变化时稳压电路的输出电压有何变化。

（3）比较无稳压环节和有稳压环节稳压电路的电压稳定程度。

（4）说明放大电路输入、输出的相位关系。

（5）说明放大电路负载变化对电压放大倍数的影响。

（6）根据有无旁路电容电压放大倍数 A_u、输入电阻 r_i 及输出电阻 r_o 的变化，说明旁路电容的作用。

（7）回答下面的思考题。

4.1.8 思考题

（1）整流及滤波后的输出电压为何用直流电压表进行测量？

（2）整流滤波电路之后加稳压环节的原因是什么？

（3）电感电容滤波电路适用于什么场合？

（4）本实验的直流稳压电源，还有哪些功能可以扩展？试画出简单原理图。

（5）改变放大电路中 R_p 电阻值对静态工作点有何影响？

（6）为了提高放大器的电压放大倍数，应采取哪些措施？

（7）简述如何使用示波器读取被测信号电压值、周期（频率）。

4.2 集成运算放大器的应用

4.2.1 实验目的

（1）了解集成运算放大器的使用方法及特点。

（2）掌握用集成运算放大器组成的比例、加法、积分等运算电路的特点及性能。

（3）了解恒压源、恒流源的电路结构及特性。

（4）认识集成运算放大器的非线性应用，加深理解由运算电器构成的正弦波、矩形波、三角波等各种波形信号发生器的工作原理。

（5）掌握上述电路的测试、调整和分析方法。

4.2.2 预习要求

（1）回顾运算放大器的基本工作原理及基本运算关系。

（2）熟悉比例、加法、减法、积分等运算电路的特点。

（3）了解由运算放大器构成的恒压源、恒流源的工作原理。

（4）计算表 4-9~表 4-12 的理论值。

（5）复习电压比较器的工作原理，及其在波形产生方面的应用。

（6）了解由运算电器构成的正弦波、矩形波、三角波发生电路的工作原理。

4.2.3 实验原理与说明

集成运算放大器实质上是一个具有很高开环放大倍数的多级直接耦合放大电路，可实现对电信号的比例、加法、减法、积分、微分和乘除等运算，同时在信号处理、信号测量及波形产生等方面也有广泛的应用。在众多的模拟集成电路中，它是最基本、用途最广的一种放大器。

1. 集成运算放大器的线性应用

由于集成运算放大器的开环电压放大倍数很高，线性应用时，必须引入深度负反馈，以使输入、输出成比例。本实验在线性应用方面，主要验证其构成的运算电路及恒压源、恒流源电路（假定运算放大是理想的）。

（1）比例运算电路。

1）反相输入比例运算电路如图 4-5 所示。其输出电压与输入电压之间的比例关系为

$$u_o = -\frac{R_F}{R_1}u_i$$

图 4-3 中的 R_2 为平衡电阻，$R_2 = R_1 // R_F$，其作用是消除静态电流对输出电压的影响。

2）同相输入比例运算电路如图 4-6 所示。其输出电压与输入电压之间的比例关系为

$$u_o = \left(1 + \frac{R_F}{R_1}\right)u_i$$

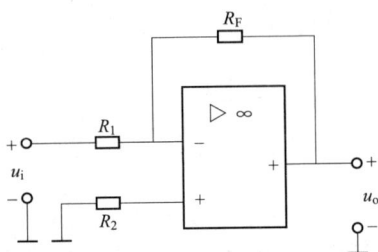

图 4-5　反相输入比例运算电路　　　　图 4-6　同相输入比例运算电路

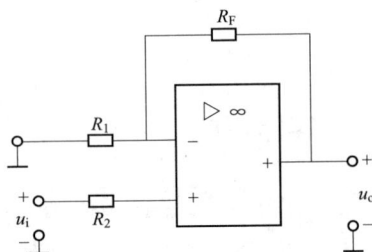

（2）反相输入求和运算电路。实验用反相输入求和运算电路如图 4-7 所示，输入信号 u_{i1}、u_{i2} 均加在反相输入端。其输出电压与输入电压之间的关系为

$$u_o = -\frac{R_F}{R_1}u_{i1} + \frac{R_F}{R_2}u_{i2}$$

若 $R_1 = R_2$，则 $u_o = -\frac{R_F}{R_1}(u_{i1} + u_{i2})$；若 $R_1 = R_2 = R_F$，则 $u_o = -(u_{i1} + u_{i2})$。

平衡电阻 $R_3 = R_1 // R_2 // R_F$。

（3）减法运算电路。减法运算电路如图 4-8 所示。其输出电压与输入电压之间的关系为

$$u_o = \left(1 + \frac{R_F}{R_1}\right)\frac{R_3}{R_2 + R_3}u_{i2} - \frac{R_F}{R_1}u_{i1}$$

若 $R_1 = R_2$，$R_F = R_3$，则 $u_o = \frac{R_F}{R_1}(u_{i2} - u_{i1})$；若 $R_1 = R_2 = R_F = R_3$，则 $u_o = u_{i2} - u_{i1}$。

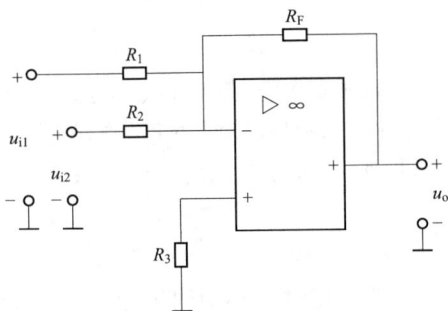

图 4-7　实验用反相输入求和运算电路　　　　图 4-8　减法运算电路

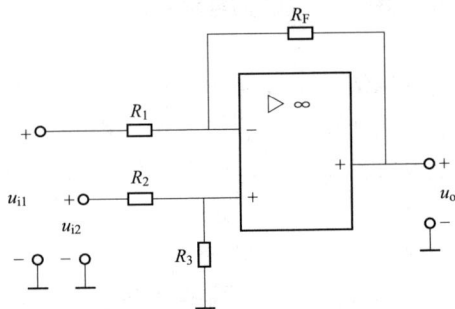

（4）积分运算电路。实验用反相输入积分运算电路如图 4-9 所示。在理想条件下，开关 K 断开时，若电容两端初始储能为零，则输出电压为

$$u_o = -\frac{1}{R_1 C_F}\int u_i dt$$

式中：$R_1 C_F$ 为积分时间常数。

当 u_i 是幅值为 U_{im} 的阶跃电压时，则输出电压为

$$u_o = -\frac{U_{im}}{R_1 C_F}t \quad (t > 0)$$

此时，输出电压 u_o 随时间线性下降。输入、输出波形如图 4-10 所示。

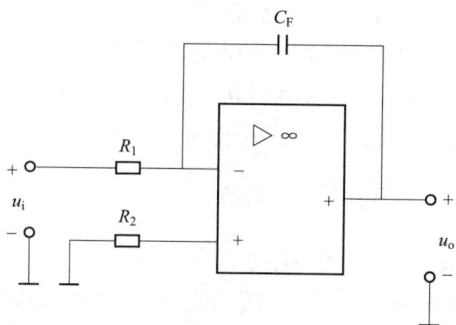

图 4-9　实验用反相输入积分运算电路

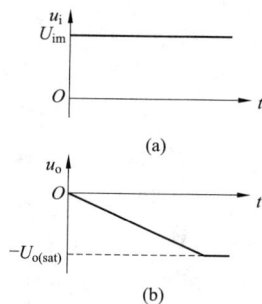

图 4-10　输入、输出波形
（a）输入波形图；（b）输出波形图

（5）恒压源与恒流源电路。

1）恒压源指无论负载如何变化，输出电压都恒定不变的电压源。要使电路具有稳定输出电压的特性，应引入深度的电压负反馈。运算放大器构成的恒压源实质是同相输入比例运算电路构成的电压跟随器，其电路如图 4-11 所示。

当负载 R_L 变化时，其两端电压 u_o 不会随之变化，而是 $u_o \equiv u_i$，其准确度和稳定性较高，可作为基准电压。

2）恒流源指无论负载如何变化，输出电流都恒定不变的电流源。要使电路具有稳定输出电流的特性，应引入深度的电流负反馈。运算放大器构成的恒流源是将同相输入比例运算电路中的反馈电阻以负载来取代，从而使负载获得恒定的电流。恒流源电路如图 4-12 所示。

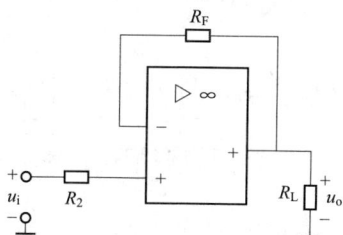

图 4-11　恒压源电路

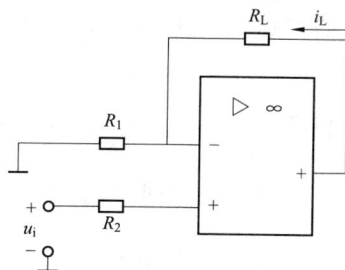

图 4-12　恒流源电路

当负载 R_L 变化时，流过其中的电流 i_L 不会随之变化，而是

$$i_L = \frac{u_i}{R_1}$$

此恒流源电路也称为负载浮地的电压、电流的转换电路，也可用于较小电压的测量，即测定 i_L 便可确定被测电压，由于运算放大器的输入电阻很高，对被测电路影响很小。

2. 波形信号发生电路

在电子技术、通信、自动控制和计算机技术等领域中广泛采用各种类型的波形信号，常用的波形信号有正弦波、矩形波、三角波等。

集成运算放大器是一种高增益放大器，只要加入适当的反馈网络，利用正反馈原理满足振荡的条件，就可以构成正弦波、矩形波、三角波等各种振荡电路。但由于受集成运算放大器带宽的限制，其产生的信号频率一般在低频范围。

（1）文氏电桥 RC 正弦波发生器。RC 正弦波发生器是利用振荡电路产生低频（正弦）交流信号的，其输出频率从几赫兹至几百千赫兹，应用非常广泛。

当振荡电路（具有正反馈的放大电路）的电压放大倍数 A_u 和反馈系数 F 满足 $A_uF>1$ 时，就可建立自激振荡，且信号振幅不断增大，达到一定幅值后再使 $A_uF=1$，便可维持自激振荡。为了得到某一频率的稳定的正弦输出信号，就要求振荡电路有选频网络和稳幅环节。由集成运算放大器、具有选频作用的 RC 串、并联网络及二极管稳幅电路组成的实验用 RC 振荡电路如图 4-13 所示。

图 4-13 中，RC 串、并联网络又称为文氏电桥电路，将其取出重画如图 4-14 所示。其输入电压 u'_i 即振荡电路的输出电压 u_o；输出电压 u'_o 要送到运算放大器的同相输入端作为运算放大器的输入电压 u_i。

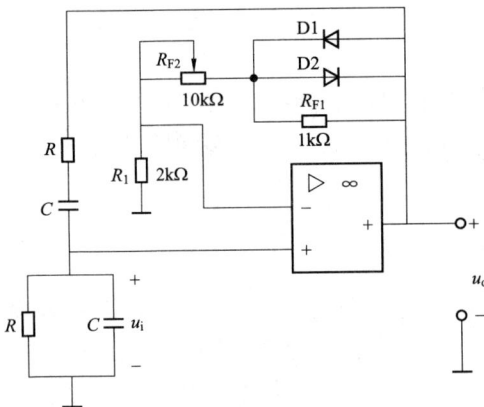

图 4-13 实验用 RC 振荡电路

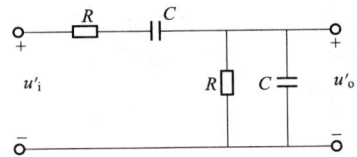

图 4-14 文氏电桥电路

由电路分析可得，当 $f=f_o=\dfrac{1}{2\pi RC}$ 时，$F=\dfrac{\dot{U}'_o}{\dot{U}'_i}=\dfrac{\dot{U}_i}{\dot{U}_o}=1/3$，此时 u'_o 与 u'_i 同相，即实现了正反馈。

由于 $F=1/3$，根据自激振荡条件，在使 $A_u=3$ 时，电路便能够维持自激振荡。起振时，应使 A_u 略大于 3，而同相输入比例运算电路的闭环放大倍数为 $A_u=\dfrac{U_o}{U_i}=1+\dfrac{R_{F1}+R_{F2}}{R_1}$，故应使 $R_{F1}+R_{F2}$ 略大于 $2R_1$。起振后，再通过稳幅环节实现自动稳幅，即使 $A_uF>1$ 变化为 $A_uF=1$。本实验利用二极管的非线性特性实现自动稳幅，当正向二极管导通后，其正向电阻逐渐变小，与电阻 R_{F1} 的并联阻值也逐渐变小，最终使 $A_u=3$，从而达到稳幅的目的。

（2）电压比较器实现的波形转换。集成运算放大器构成的电压比较器工作在开环或引入正反馈状态下，因为其工作在饱和区（非线性区）：当 $u_+ > u_-$ 时，$u_o = +U_{o(sat)}$；当 $u_+ < u_-$ 时，$u_o = -U_{o(sat)}$，所以可以比较分别加在 u_+ 及 u_- 端的输入电压与参考电压。当输入电压为正弦波时，输出波形就转换为矩形波。

滞回电压比较器电路如图 4-15（a）所示，图中 R_3 为限流电阻。

当输出电压 $u_o = -U_Z$ 时

$$u_+ = u_i - \frac{u_i + U_Z}{R_2 + R_F} R_2$$

当输出电压 $u_o = +U_Z$ 时

$$u_+ = u_i - \frac{u_i - U_Z}{R_2 + R_F} R_2$$

电路翻转时，有 $u_+ = u_- = 0$，可得阈值电压（翻转时的 u_i）为

$$U_T = \pm \frac{R_2}{R_F} U_Z$$

其电压传输特性如图 4-15（b）所示。

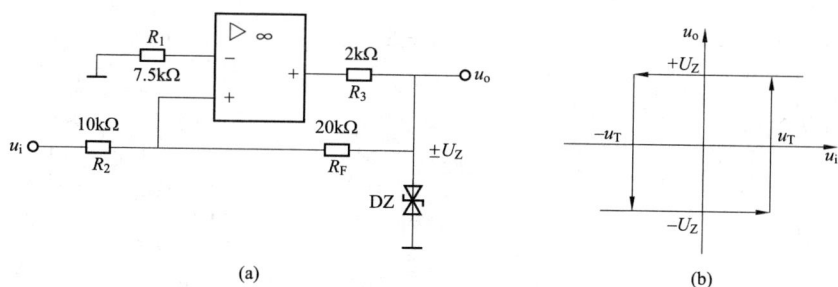

图 4-15　实验用滞回电压比较器

（a）滞回电压比较器电路；（b）电压传输特性

当输入电压 u_i 为正弦波时，随着 u_i 大小的变化，u_o 为一矩形波电压，如图 4-16 所示。

上述滞回电压比较器产生的矩形波实质为方波。如需产生占空比可调的矩形波信号，可采取措施使正、反向阈值电压的大小不同来实现。

（3）方波-三角波发生器。如果将滞回比较器和积分电路首尾相接形成正反馈闭环系统，比较器输出的方波 u_{o1} 经积分电路积分可得到三角波输出电压 u_o，三角波又触发比较器自动翻转形成方波，如此周而复始，这便是方波-三角波发生器的工作原理。方波-三角波发生器电路如图 4-17 所示。

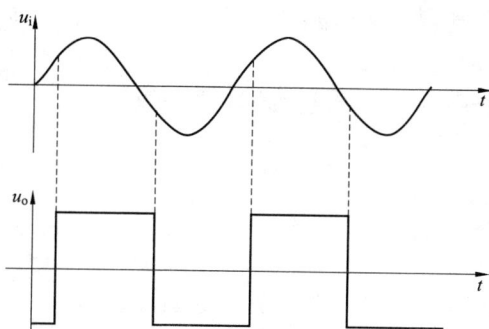

图 4-16　滞回电压比较器的波形

因为电容充、放电时间相等，$T_1 = T_2 = 2(R_P + R)(R_2/R_F)C$，所以电路的振荡频率为

$$f_o = \frac{R_F}{4R_2(R_P + R)C}$$

由此，调节 R_P 的大小，可改变电路的振荡频率。

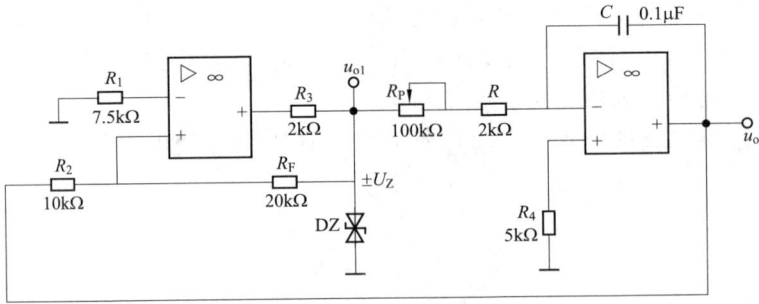

图 4-17　方波-三角波发生器电路

集成运算放大器具有体积小、可靠性高、通用性强等许多优点，分为通用型和专用型。本实验采用通用型 LM741 型集成运算放大器，其外形及管脚排列如图 4-18 所示，外部接线如图 4-19 所示。

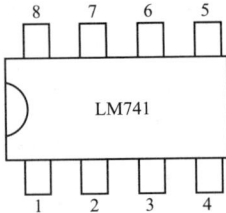

图 4-18　LM741 型集成运算放大器的外形及管脚排列

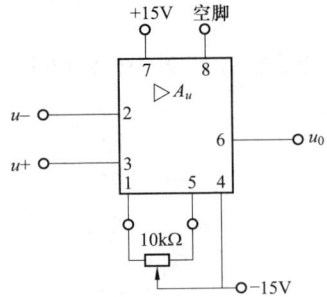

图 4-19　LM741 型集成运算放大器外部接线

由于运算放大器内部参数不可能完全对称，以致当输入信号为零时，仍有小的信号输出（失调电压）。为此，在使用时要外接调零电路。图 4-19 所示的 LM741 型集成运算放大器，其调零电路由-15V 电源和 10kΩ 调零电位器组成。调零时，应将电路接成闭环（如反相或同相比例运算电路），再将两个输入端接地，调节调零电位器，使输出电压为零。

4.2.4　实验仪器及设备

实验仪器及设备见表 4-8。

表 4-8　　　　　　　　　　　　　　　实验仪器及设备

名　　称	型号或使用参数	数　　量
电子技术实验装置	SBL-2	1 台
数字万用表	VC890D	1 块
双踪示波器	GDS-1000	1 台
直流电源供应器	GPD-3303	1 台
直流稳压电源	+15V、0V、-15V	1 台
任意波形信号发生器	AFG-2225	1 台

4.2.5　注意事项

（1）实验中，改接电路时，必须断开电源，严禁带电换接电路。

（2）需要接地的部分一定要可靠接地。

（3）集成运算放大器过载能力低，输出端严防短路，且输入端信号不能过大。

（4）在调节输出频率时，应使实验电路的输出电压保持不变。

（5）调波形信号发生节电路使 u_o 无明显失真后，再测量频率。

（6）改变参数前，必须先关闭实验箱电源再改变参数，检查无误后再接通电源。

4.2.6　实验内容与步骤

将直流稳压电源 0V 端口引至插件方板下端一条连通的端子口上，作为公共接地端，再通过 +15V 及 -15V 端口为 LM741 型运算放大器提供直流电源。注意：运放电路与直流电源要进行共地连接。

本实验不接调零电路，失调电压在误差分析中加以说明。

1. 集成运算放大器的线性应用

（1）测量比例运算电路。

1）反相输入。

① 在 9 孔插件方板上，选取 $R_1 = 10\text{k}\Omega$，$R_F = 100\text{k}\Omega$，$R_2 = R_1 /\!/ R_F \approx R_1$，以及 LM741 型运算放大器模块，构成图 4-5 所示的反相比例运算电路。

② 输入信号由直流电源供应器上的一路可调直流电压源提供，其（"-"极性端）与运算放大电路也要进行共地连接。根据表 4-9 中的要求，由直流电源供应器提供不同的输入电压值 U_i，用万用表（或直流电压表）测量得到相应的输出电压值 U_o，记录测量值，并将其与计算值进行比较。

表 4-9　　　　　　　　　　　　反相比例运算电路的测量

直流输入电压 U_i（V）		0.1	0.4	0.7
输出电压 U_o	实测值（V）			
	计算值（V）			
	相对误差			

2）同相输入。

① 断开电源，同样取 $R_1 = 10\text{k}\Omega$，$R_F = 100\text{k}\Omega$，$R_2 = R_1 /\!/ R_F \approx R_1$，在图 4-5 的基础上，将电路改接为图 4-6 所示的同相比例运算电路。

② 输入信号取法同（1），按表 4-10 中的要求，用万用表（或直流电压表）测量相应的输出电压值 U_o 并记录，将其与计算值进行比较。

（2）测量反相输入求和运算电路。

1）在运算电路实验板上构成图 4-7 所示的反相输入求和运算电路，取 $R_1 = R_2 = 10\text{k}\Omega$，$R_F = 100\text{k}\Omega$，$R_3 = 5\text{k}\Omega$。

表 4-10 　　　　　　　　　　　　　　　同相比例运算电路的测量

直流输入电压 U_i（V）		0.1	0.4	0.7
输出电压 U_o	实测值（V）			
	计算值（V）			
	相对误差			

2）接通电源，按表 4-11 中对输入信号的要求进行实验测量，记录结果，并将其与计算值进行比较。

表 4-11 　　　　　　　　　　　　反相输入求和运算电路的测量　　　　　　　　　　　　（V）

直流输入电压	U_{i1}	0.5	0.2	−0.5
	U_{i2}	0.2	0.5	0.2
输出电压 U_o	实测值			
	理论值			

（3）测量减法运算电路。

1）按图 4-8 所示的减法运算电路，取 $R_1 = R_2 = 10\text{k}\Omega$，$R_F = R_3 = 100\text{k}\Omega$。

2）接通电源，按表 4-12 中对输入信号的要求进行实验测量，记录测量值，并将其与计算值进行比较。

表 4-12 　　　　　　　　　　　　　　减法运算电路的测量　　　　　　　　　　　　　（V）

直流输入电压	U_{i1}	0.5	0.2	−0.5
	U_{i2}	0.2	0.5	0.2
输出电压 U_o	实测值			
	理论值			

（4）测量反相输入积分运算电路。

1）在运算电路实验板上构成图 4-9 所示的反相输入积分运算电路，电源直流电压仍为 ±15V，$C_F = 0.1\mu\text{F}$，$R_1 = R_2 = 10\text{k}\Omega$。

2）使信号发生器输出频率为 500Hz（即脉冲宽度为 1ms）、幅值为 2V 的方波，将该方波作为 u_i 接至电路输入端，用示波器观察 u_o 的变化，在表 4-13 中画出输出 u_o 随时间 t 变化的曲线。

表 4-13 　　　　　　　　　　　　反相输入积分运算电路的测量

输入方波	未并联 R_F 时的输出波形	并联 R_F 时的输出波形

3）在电容两端并联 $R_F = 100\text{k}\Omega$（图 4-9 中未画出）的反馈电阻，引入直流负反馈，以减小集成运算放大器输出端的直流漂移。为尽量避免 R_F 因分流导致的积分误差，R_F 取为 $10R_1$。再次观测输出波形。

*（5）测量恒压源与恒流源。

1）按图 4-11 所示的恒压源电路连接线路，取 $R_F = R_2 = 10\text{k}\Omega$。

2）输入 $u_i = 5\text{V}$ 的直流电压，用数字万用表测量 R_L 分别为 5、10、20kΩ 时输出电压的大小。将结果记入自拟表格中。

3）按图 4-12 所示的恒流源电路连接线路，取 $R_1 = 10\text{k}\Omega$，$R_2 = 20\text{k}\Omega$。

4）输入 $u_i = 5\text{V}$ 的直流电压，用数字万用表测量 R_L 分别为 5、10、20kΩ 时输出电流的大小。将结果记入自拟表格中。

2. 波形信号发生器

（1）测量 RC 正弦波发生器产生的信号。

1）取 $R = 10\text{k}\Omega$，$C = 0.1\mu\text{F}$，在实验板上按图 4-13 所示的电路接线。R_{F2} 的大小可预先由电位器测取为 $3.5\text{k}\Omega$ 左右。

2）接通电源，用示波器观察输出波形。若出现波形失真或无输出的情况，可通过调节 R_{F2} 来改善。

3）测出 u_o 不失真情况下的最大值、最小值及频率 f_{o1}，将数据记入表 4-14 中，并与 f_{o1} 的计算值进行比较。

4）断开实验箱电源，将 C 改为 $C = 0.22\mu\text{F}$。测量参数改变后 u_o 的大小及振荡频率 f_{o2}，将数据记入表 4-14 中，并与 f_{o2} 的计算值进行比较。

表 4-14 RC 正弦波发生器的观测

测试条件	$R = 10\text{k}\Omega$，$C = 0.1\mu\text{F}$			$R = 10\text{k}\Omega$，$C = 0.22\mu\text{F}$		
测试项目	U_o（V）		f_{o1}（Hz）	U_o（V）		f_{o2}（Hz）
	最大	最小		最大	最小	
测量值						

（2）观测滞回电压比较器的波形转换。

1）在实验板上连接图 4-15（a）所示的实验电路。

2）利用信号发生器为电路输入幅值为 5V、频率为 1kHz 的正弦信号 u_i，用示波器观测输出信号，并记录波形参数。

（3）观测方波-三角波发生器产生的信号。

1）在图 4-15（a）的基础上，连接图 4-17 所示的实验电路。

2）预先将电位器 R_P 旋于某一位置，接通电源，用示波器观察输出波形 u_{o1} 及 u_o，将观测结果记入表 4-15 中。

3）将电位器 R_P 从零到最大值，确定信号的频率范围，将结果记入表 4-15 中。

*（4）测试占空比可调的矩形波发生器。

1）连接图 4-20 所示的矩形波发生器实验电路图。

表 4-15   方波—三角波发生器的观测

项 目	测量值				计算值
	u_{o1}		u_o		
参数量	U_{o1}（V）	f_o（Hz）	U_o（V）	f_o（Hz）	R_P（kΩ）
数值					
波形					
频率范围					

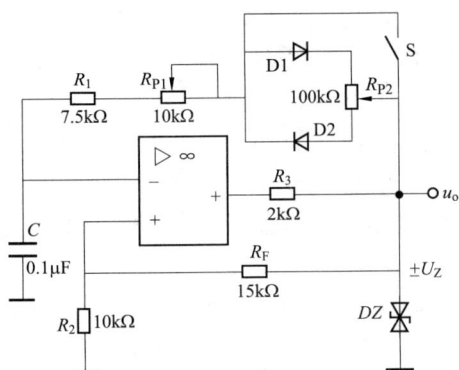

图 4-20   矩形波发生器实验电路

2）将 R_{P1} 调至零位，闭合开关 S，接通电源，用示波器观察输出波形，测量输出信号的幅值 U_m 及频率 f_o，并加以记录。

3）断开开关 S，调节电位器 R_{P2}，观测占空比的变化。

4）调节电位器 R_{P1}，观察信号频率的变化情况，并确定变化范围，加以记录。

4.2.7   实验报告要求

（1）完成实验报告中记录表格要求的记录内容及相应的计算，绘制观测到的各个波形，并标注参数。

（2）验证各运算电路输出与输入间的运算关系，并对测量结果与计算值进行比较。

（3）积分电路绘制波形时给出具体坐标，并确定输出饱和前的有效积分时间。

（4）计算实验参数下 RC 正弦波发生器的振荡频率，并与测量结果进行比较。

（5）说明矩形波发生器电路中 R_{P1} 及 R_{P2} 的作用。

（6）回答下面的思考题。

4.2.8   思考题

（1）集成运算放大器作为基本运算单元，可完成哪些常见的运算功能？

（2）理想运算放大器的主要分析依据是什么？

（3）本次实验使用的放大器芯片 LM741CN，使用前为什么要调零？

（4）RC 正弦波发生器的振荡条件是什么？

（5）电压比较器能将变化的波形转换为矩形波的原理是什么？

（6）方波-三角波发生器产生的方波与三角波频率是否相同？为什么？

第 5 章 数字电子技术实验

5.1 门电路、触发器的功能测试及其应用

5.1.1 实验目的

（1）熟悉主要门电路的逻辑功能及使用方法。

（2）掌握门电路及组合逻辑电路逻辑功能的测试方法。

（3）验证半加器和全加器的逻辑功能，并熟悉二进制数的运算规则。

（4）学习用集成与非门组成基本 RS 触发器。

（5）学会正确使用触发器集成芯片，熟悉并掌握 RS、JK、D 触发器的工作原理、逻辑功能和测试方法。

（6）由触发器构成具有一定逻辑功能的时序逻辑电路。

5.1.2 预习要求

（1）复习各门电路的逻辑功能以及组合逻辑电路的分析方法。

（2）了解所用集成电路芯片的各引线用途。

（3）复习用**与非门**和**异或门**构成的半加器与全加器的工作原理。

（4）复习 RS、JK、D 触发器的工作原理及相应的逻辑功能。

（5）熟悉所用集成电路芯片的引线位置及各引线用途。

5.1.3 实验原理与说明

1. 门电路

在数字电路中，门电路是最基本的逻辑元件，其输出与输入之间存在着一定的逻辑关系，故也称为逻辑门电路。实现基本逻辑关系的门电路有**与门**、**或门**、**非门**，而由这 3 种基本门电路又可以组成其他多种复合门电路，如**与非门**、**或非门**、**异或门**、**同或门**等。

逻辑门电路的输入与输出仅表示某种逻辑状态（**1** 或 **0**），而不表示具体的数值。在逻辑电路中，逻辑状态是以高、低电平表示的。在普遍采用的正逻辑中，**1** 代表高电平，**0** 代表低电平。

普遍使用的集成逻辑门电路有 TTL（晶体管—晶体管逻辑电路）和 CMOS（互补型金属–氧化物–场效应管逻辑电路）两大类。TTL 集成门电路的电源电压为 5V，阈值电压约为

1.4V，输出高电平约为 3.6V，低电平约为 0.3V。CMOS 集成门电路的工作电压通常在 3~18V 之间，阈值电压近似为电源电压的一半，即 $U_{CC}/2$。

TTL 集成门电路具有工作速度快、工作电压低和带负载能力强的特点，因而得到广泛的应用，它们的基本单元电路大多由**与非门**组成。CMOS 电路功耗小、可靠性好、电源电压范围宽、容易与其他电路接口，并易于实现大规模集成，虽然 CMOS 集成门电路工作速度比 TTL 集成门电路低，但其应用也日趋广泛。

本次实验使用的是 TTL 集成门电路，具体为 74LS00（4 个 2 输入**与非门**）、74LS20（2 个 4 输入**与非门**）、74LS02（4 个 2 输入**或非门**）、74LS86（4 个 2 输入**异或门**）等集成逻辑门电路，它们的管脚图参见附录中的图 B-3。

2. 组合逻辑电路

组合逻辑电路是由各种实用门电路组合而成的具有一定逻辑功能的电路，其基本单元是门电路。组合逻辑电路的特点如下：

（1）功能与时间因素无关，即输出状态只取决于当时的输入状态，而与之前的输出状态无关。

（2）无记忆性元件，即没有记忆功能。

（3）无反馈支路，输出为输入的单值函数。

常用的组合逻辑电路很多已被制成集成逻辑器件，如半加器、全加器、编码器、译码器、数据选择器等。

3. 触发器

（1）RS 触发器。双稳态触发器具有两个稳定状态，分别为 **0** 态和 **1** 态。它有两个输出端：Q 和 $\bar{Q}$ 端。在正常情况下，Q 端和 $\bar{Q}$ 端的电平总是相反的。作为一种具有记忆功能的单元电路，它是构成各种时序电路的基本逻辑单元。而 RS 触发器是构成各种双稳态触发器的基础。

1）基本 RS 触发器。基本 RS 触发器可由两个**与非门**交叉连接而成，如图 5-1 所示，属于低电平触发有效的触发器。其逻辑功能见表 5-1。需注意两个输入端不允许同时加低电平触发信号，否则会出现不确定状态。

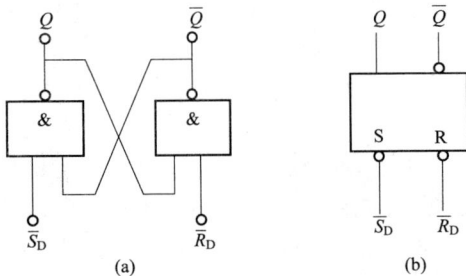

图 5-1 基本 RS 触发器
（a）逻辑电路；（b）逻辑符号

表 5-1　基本 RS 触发器的逻辑功能

$\bar{S}_D$	$\bar{R}_D$	Q	$\bar{Q}$
1	0	0	1
0	1	1	0
1	1	保持	保持
0	0	1	1

基本 RS 触发器是构成各种具有时序功能的触发器的基础，如同步（可控）RS 触发器、JK 触发器、D 触发器和 T 触发器等。这些触发器的输出状态不直接受输入信号的控制，而

是按照一定的时间节拍（时钟脉冲）进行翻转，以使系统协调工作。

2）同步（可控）RS 触发器。能在时钟脉冲控制下，有节拍地将输入信号反映到输出端的 RS 触发器称为同步（可控）RS 触发器。其逻辑符号如图 5-2 所示。图中 $\bar{S}_D$ 是直接置位端；$\bar{R}_D$ 是直接复位端。同步 RS 触发器的逻辑功能可用输出 Q 与输入 S、R 之间的特性方程表示为

$$\begin{cases} Q^{n+1} = S + \bar{R}Q^n \\ RS = 0 \quad （约束条件） \end{cases}$$

同步 RS 触发器通常要求作用在输入控制端 S、R 上的输入信号在时钟脉冲作用期间保持不变，所以使用时要加以注意。

本实验选用 74LS00（四—二输入端 与非门）集成芯片，组合成基本 RS 触发器。

（2）JK 触发器。JK 触发器（多功能触发器）具有 4 种功能——计数、置 **1**、置 **0** 和记忆功能，所以是逻辑功能最完善的一种触发器。其有多种构成方式，常用的是主从型 JK 触发器，是 TTL 集成电路的一种。它是在输入的时钟脉冲的下降沿翻转的，不受任何条件的约束，输入控制端 J、K 上可施加任意形式的输入信号。

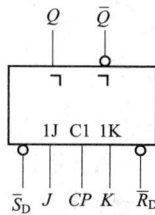

主从型 JK 触发器的逻辑符号如图 5-3 所示。其逻辑功能可用输出 Q 与输入 J、K 之间的特性方程表示为

$$Q^{n+1} = J\bar{Q}^n + \bar{K}Q^n$$

实用的主从型 JK 触发器常做成单 JK 或双 JK 集成组件，本实验选用的 74LS76 双 JK 触发器（下降沿触发）的管脚图参见附录 B 中的图 B-3。

（3）D 触发器。D 触发器只有一个输入端，在某种场合利用这种单元电路进行逻辑设计可使电路得到简化。它的构成方式也较多，现在应用较多的是维持阻塞型 D 触发器，其在输入时钟脉冲的上升沿翻转。

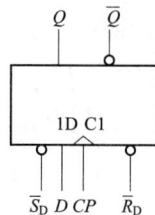

维持阻塞型 D 触发器的逻辑符号如图 5-4 所示。其逻辑功能用输出 Q 与输入 D 之间的特性方程表示为

$$Q^{n+1} = D^n$$

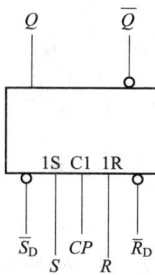

图 5-2 同步 RS 触发器的逻辑符号　　图 5-3 主从型 JK 触发器的逻辑符号　　图 5-4 维持阻塞型 D 触发器的逻辑符号

实用的维持阻塞型 D 触发器常做成双 D 或四 D 集成组件，本实验选用的四 D 触发器（上升沿触发）74LS175 的管脚图，参见附录 B 中的图 B-3。

由各种具有时序特性的双稳态触发器可构成多种具有"记忆"功能的时序逻辑电路。

5.1.4 实验仪器及设备

实验仪器及设备见表 5-2。

表 5-2 　　　　　　　　　　　　实 验 仪 器 及 设 备

名　　称	型号或使用参数	数　　量
电子技术实验装置	SBL-2	1 台
直流稳压电源	0V、+5V	1 块
数字万用表	VC890D	1 块

5.1.5 注意事项

（1）集成芯片使用前，首先要辨识芯片型号，清楚各管脚的功能，连接实验电路时，应特别注意 U_{CC} 及地线不能接错。

（2）实验过程中不允许自行拔插芯片。

（3）JK、D 触发器的初态是通过直接置位、复位端 $\overline{S}_D$、$\overline{R}_D$ 的电平开关设定的，设定后 $\overline{S}_D$、$\overline{R}_D$ 端均接高电平，即逻辑开关拨到 **1**。

（4）使用示波器时，探头接地端一定要可靠接地。

5.1.6 实验内容与步骤

1. 门电路与组合逻辑电路

集成门电路芯片接线时，要明确各管脚功能，可查看附录中的图 B-3。实验中，各芯片必须接好电源（U_{CC} 接+5V）和地（GND 接 0），输入的高、低电平（高电平为 **1**，低电平为 **0**）由"逻辑电平"开关提供，输出端接"电平显示"发光二极管（电路输出高电平时，发光二极管亮；输出低电平时，发光二极管灭）。

（1）测试 TTL 门电路的逻辑功能。

1）测试**与非门**的逻辑功能。

① 选用集成四—二输入端**与非门** 74LS00 一片，插在 6 孔插件方板上，取用 A_1、B_1 及 Y_1 按图 5-5 所示电路进行管脚接线。图中，A_x、B_x 及 Y_x 表示 4 个不同的**与非门**对应的输入及输出。

② 将电平开关按表 5-3 给出的逻辑状态置位，根据发光二极管的亮灭判断输出的逻辑状态，将结果填入表 5-3 中。

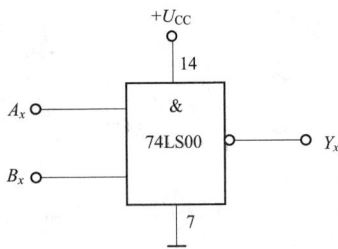

图 5-5　与非门逻辑功能测试电路

③ 再对其他 3 个**与非门**进行功能验证，将结果填入表 5-3 中。

④ 根据测量结果说明各个**与非门**的输出与输入是否满足逻辑关系 $Y=\overline{AB}$。由此可判定是否有某个**与非门**损坏。

表 5-3　　　　　　　　　　　　　　与非门电路逻辑功能的测试

输入状态		输出状态			
A	B	Y_1	Y_2	Y_3	Y_4
0	**0**				
0	**1**				
1	**0**				
1	**1**				

2）测试**异或门**的逻辑功能。

① 选用集成四—二输入端**异或门** 74LS86 一片，按图 5-6 所示电路接线。

② 将电平开关按表 5-4 给出的逻辑状态置位，根据发光二极管的亮灭判断输出的逻辑状态，将结果填入表 5-4 中。最后，根据测量结果说明各个**异或门**的输入与输出是否满足逻辑关系：$Y_1 = A_1 \oplus B_1$；$Y_2 = A_2 \oplus B_2$；$Y_3 = Y_1 \oplus Y_2$。

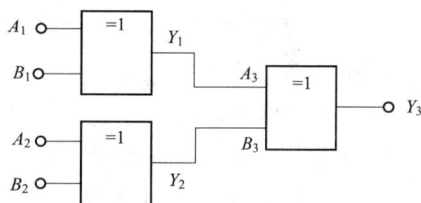

图 5-6　异或门逻辑功能测试电路

表 5-4　　　　　　　　　　　　　　异或门逻辑功能的测试

输入状态				输出状态		
A_1	B_1	A_2	B_2	Y_1	Y_2	Y_3
0	**0**	**0**	**0**			
0	**1**	**0**	**1**			
1	**0**	**1**	**1**			
1	**1**	**1**	**0**			

（2）由**与非门**电路构成的组合逻辑逻辑电路的功能验证。

1）用一片二输入端四**与非门**电路 74LS00 构成图 5-7 所示的组合逻辑电路。

2）通过测试给出其逻辑状态表（真值表），并说明其逻辑功能。

（3）测试用**异或门**和**与非门**组成的半加器的逻辑功能。

1）用**异或门**（74LS86）和**与非门**（74LS00）连接图 5-8 所示的半加器逻辑电路。A、B 端输入的是两个相加的本位数（二进制数），输出端 S、C 分别为本位和数及进位数。

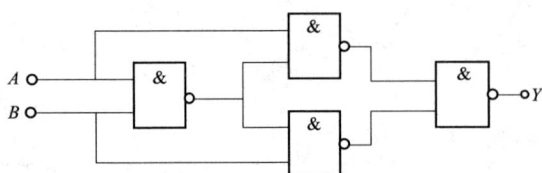

图 5-7 由与非门构成的组合逻辑电路

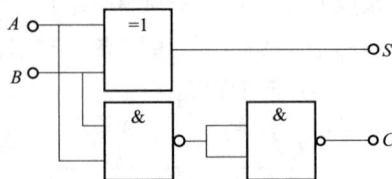

图 5-8 半加器逻辑电路图

2）根据表 5-5 给出的输入端逻辑状态，测试出输出端的逻辑状态并记录。

表 5-5 半加器的逻辑功能的测试

输入端	A	0	0	1	1
	B	0	1	0	1
输出端	S				
	C				

3）说明半加器的逻辑功能。

*（4）测试用半加器形成的全加器的逻辑功能。在以上两个半加器的基础上构成一个全加器，给出逻辑电路，验证逻辑功能。

（5）七段编码显示电路的测试。

1）根据图 5-9 所示的电路，用 74LS00 连接一个七段编码显示电路。

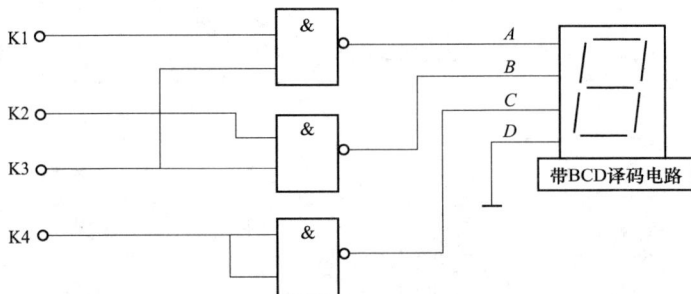

图 5-9 七段编码显示电路

K1、K2、K3、K4 逻辑电平开关分别以数字 1、2、3、4 编号，利用 74LS00 实现编码后，实验箱中的数码管会显示相应开关的数字编号。

2）将所有开关打到高电平的位置。推任意一个开关至低电平，数码管将会显示该开关的数字编号。

2. 双稳态触发器及其应用

（1）测试基本 RS 触发器的逻辑功能。

1）选取一片集成四—二输入端与非门电路 74LS00，在 6 孔插件方板上按图 5-1（a）所示的逻辑电路接线，U_{CC} 为+5V。置位端 $\overline{S}_D$ 和复位端 $\overline{R}_D$ 接"逻辑电平"开关，输出端 Q 和 $\overline{Q}$ 驱动"电平显示"发光二极管。

2）按表 5-6 中的要求进行测试，记录结果，并说明在各种输入状态下的逻辑功能。

当输入端 $\bar{S}_D$、$\bar{R}_D$ 都接低电平时，将 $\bar{S}_D$、$\bar{R}_D$ 同时由低电平跳为高电平，注意观察输出端 Q 和 $\bar{Q}$ 的状态，重复 3~5 次看输出端 Q、$\bar{Q}$ 的状态是否相同，说明现象。

表 5-6　　　　　　　　　　　　　基本 RS 触发器逻辑功能的测试

输　入　端		输　出　端		逻辑功能
$\bar{S}_D$	$\bar{R}_D$	Q	$\bar{Q}$	
0	1			
1	0			
1	1			
0	0			

（2）测试 JK 触发器的逻辑功能。

1）熟悉双 JK 触发器 74LS76 集成芯片的管脚，然后按图 5-10 所示的逻辑电路接线。

置位端 $\bar{S}_D$、复位端 $\bar{R}_D$ 及输入端 J、K 接 "逻辑电平" 开关，输出端 Q 和 $\bar{Q}$ 驱动 "电平显示" 发光二极管，U_{CC} 端和 GND 端分别接 +5V 电源和接地，CP 端接手动单脉冲源。

2）按表 5-7 中给出的要求（表中 "×" 指任意状态）进行测试，以观察手动脉冲 CP 变化后触发器的状态，记录测试结果，并说明在各种输入状态下触发器的逻辑功能。

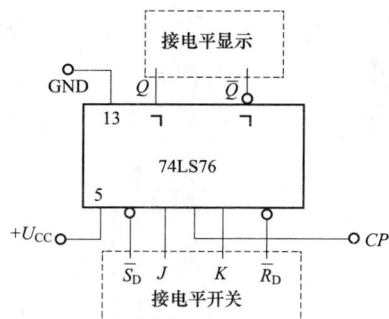

图 5-10　JK 触发器逻辑电路

表 5-7　　　　　　　　　　　　　JK 触发器逻辑功能的测试

输　入　端					输　出　端		逻辑功能
$\bar{S}_D$	$\bar{R}_D$	CP	J	K	Q^n	Q^{n+1}	
0	1	×	×	×	×		
1	0	×	×	×	×		
1	1	0	×	×	×		
1	1	1	×	×	×		
1	1	⤒	×	×	0		
					1		
1	1	⤓	0	0	0		
					1		

输 入 端					输 出 端		逻辑功能
$\overline{S}_D$	$\overline{R}_D$	CP	J	K	Q^n	Q^{n+1}	
1	1	⌐⌐	0	1	0		
					1		
1	1	⌐⌐	1	0	0		
					1		
1	1	⌐⌐	1	1	0		
					1		

（3）用 JK 触发器组成二分频和四分频电路。

1）连接图 5-11 所示由 74LS76 集成芯片中两个 JK 触发器分别接成 T′和 T 触发器后连接组成的二分频和四分频电路，即第一个 JK 触发器的 J、K 端连在一起接高电平 1，第二个 JK 触发器的 J、K 端连接在一起接到第一个 JK 触发器的输出端 Q。

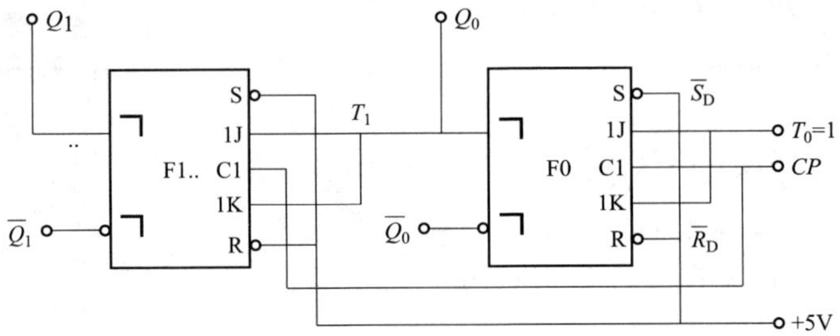

图 5-11　二分频和四分频电路

2）将两个触发器的置位端 $\overline{S}_D$ 复位端 $\overline{R}_D$ 接+5V 电源，T_0 接电平开关，且使 $T_0 = 1$。

3）CP、Q_0、Q_1 分别接"电平显示"发光二极管，输入频率为 1Hz 的时钟脉冲 CP，观察 CP、Q_0、Q_1 所接发光二极管的亮灭频率关系，理解二分频和四分频的概念。将观察分析结果记入表 5-8 中。

表 5-8　　　　　　　　　　　　　二分频和四分频电路的观察

频率（Hz）		时序波形图（8 个 CP 脉冲）	
CP		CP	
Q_0		Q_0	
Q_1		Q_1	

（4）测试 D 触发器的逻辑功能。

1）熟悉四 D 触发器 74LS175 集成芯片的管脚，取其中一个 D 触发器，将复位端 $\overline{R}_D$ 及输入端 D 接电平开关，输出端 Q 和 $\overline{Q}$ 接电平显示，U_{CC} 端和 GND 端分别接+5V 电源和接地，CP 端接手动单脉冲源。

2）按表 5-9 中给出的要求进行测试并记录，说明在各种输入状态下电路执行的逻辑功能。

表 5-9   D 触发器逻辑功能的测试

输 入 端			输 出 端		逻辑功能
$\overline{R}_D$	CP	D	Q^n	Q^{n+1}	
0	×	×	×		
1	⌐	0	**0**		
		1	**1**		
1	⌐	**0**	**0**		
			1		
1	⌐	**1**	**0**		
			1		

（5）由 D 触发器构成移位寄存器。

1）利用一片集成（上升沿）四 D 触发器 74LS175 构成图 5-12 所示的 3 位移位寄存器电路。3 个触发器的输出 Q_1、Q_2、Q_3 端分别接电平显示，第一级触发器的输入端 D_1 和复位端 $\overline{R}_D$ 接逻辑电平开关，CP 端接手动单脉冲源。

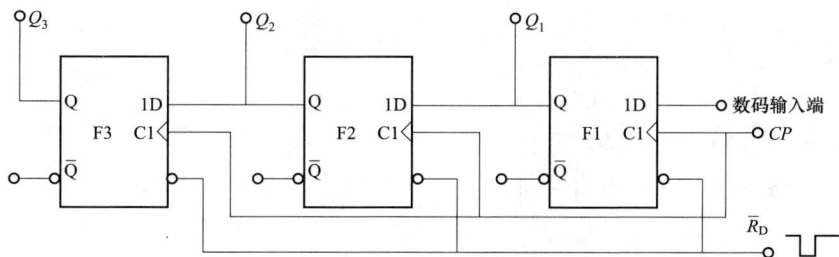

图 5-12   3 位移位寄存器电路

2）接好线路并接通电源后，先清零，然后在每一个手动 CP 单脉冲作用下，由 D 端分别输入高、低电平 **100**，注意此时为上升沿触发。观察各触发器的输出状态，并将其记入表 5-10 中。

3）把 D_1 端与 Q_3 端连在一起，将 $Q_3Q_2Q_1$ 置为 **100**。由 CP 端输入连续脉冲，观察 $Q_3Q_2Q_1$ 的状态变化情况，解释看到的现象。

表 5-10   移位寄存器的功能测试

CP	寄存器中的数码			移位过程
	Q_3	Q_2	Q_1	
0	**0**	**0**	**0**	清零
1				
2				
3				

5.1.7   实验报告要求

（1）根据测量结果，说明输出与输入是否满足所测门电路的逻辑关系。

（2）绘出**与非**门电路构成的组合逻辑电路的状态表，说明其逻辑功能。

（3）说明半加器与全加器的逻辑功能。

（4）写出编码显示电路中编码器的状态表，并利用状态表分析为什么如此接线。

（5）实验报告中要根据测量结果说明各触发器的功能及特点。

（6）说明移位寄存器把 D_1 端与 Q_3 端连在一起，CP 端输入连续脉冲后，$Q_3Q_2Q_1$ 的状态是如何变化的，并加以解释。

（7）回答下面的思考题。

5.1.8   思考题

（1）怎样判断门电路的逻辑功能是否正常？

（2）逻辑运算中的 **1** 和 **0** 是否表示两个数字？

（3）与非门的一个输入端接连续脉冲，其余输入端处于什么状态时允许脉冲通过？处于什么状态时不允许脉冲通过？

（4）实验中芯片的空脚如何处理？

（5）基本 RS 触发器与同步 RS 触发器的区别是什么？

（6）双稳态触发器的共同特点是什么？

（7）主从型触发器与维持阻塞型触发器对触发脉冲各有什么要求？

◢ 5.2   计数器及四人抢答器电路的实现

5.2.1   实验目的

（1）掌握常用时序逻辑电路的分析及测试方法。

（2）学习用 JK 触发器、D 触发器构成的计数器的工作原理及使用方法，并测定其逻辑功能。

（3）熟悉集成计数器的使用及不同进制计数器的构成方法。

（4）学习抢答电路的工作原理及调试方法。

（5）提高检查故障和排除故障的能力。

5.2.2　预习要求

（1）熟悉集成 JK 触发器（74LS76）、D 触发器（74LS175）、集成二—五—十进制计数器 74LS290 各管脚的功能及使用方法。

（2）复习时序逻辑电路的分析方法，以及二进制计数器、二—十进制计数器及集成二—五—十进制计数器的工作原理，并了解异步、同步工作方式的区别。

（3）熟悉时序逻辑电路的分析方法，自行分析图 5-15 所示的同步五进制加法计数器。

（4）熟悉常用 74LS 系列集成门电路及触发器各管脚的功能及使用方法。

（5）熟悉用 74LS290 实现带数字显示的数字秒表电路图原理。

（6）理解抢答电路的工作原理，设计用与非门实现的四人抢答器的编码电路。

5.2.3　实验原理与说明

1. 计数器

计数器属于时序逻辑电路，可由触发器有时配合一些相应的门电路组合而成。它是用来累计并寄存输入脉冲数目的时序逻辑部件，不仅用于计数，还用作定时、分频和程序控制等，用途极为广泛。

计数器按其计数功能的不同可分为加法计数器、减法计数器和加、减法都能进行的可逆计数器；按其计数动作方式的不同又可分为同步计数器和异步计数器，同步计数器比异步计数器的工作速度快；按计数器计数的进位制式的不同可分为二进制计数器、二—十进制计数器及其他进制的计数器等。其中，二进制计数器是各种计数器的基础，它能累计的最大数码为 2^{N-1}（N 为计数器的最大输出位数或所用触发器的个数）；二—十进制计数器是用二进制数表示十进制数的一种计数器，它能累计的最大数码为 $(1001)_2 = (9)_{10}$。

可见，由于使用的触发器的不同、工作方式的不同等，计数器的种类有很多。即便同一种计数器，其内部线路的形式也会不同。集成计数器得到了的使用十分广泛，与触发器所构成的计时器相比，虽电路更复杂，但功能更完善，使用更方便，价格更便宜，使用时应先了解其功能及各管脚的作用。

本实验主要研究用 JK 触发器构成的计数器，包括同步计数器和异步计数器，以及应用较多的集成二—五—十进制计数器。实验选用的双 JK 触发器（下降沿触发）74LS76 及集成二—五—十进制计数器 74LS290 的管脚图，参见附录 B 中的图 B-3。

2. 四人抢答器

带数字显示的四人用抢答器的参考电路如图 5-13 所示，可以供 4 名选手比赛使用，4 个抢答按钮（电平开关）用 S1~S4 表示。电路的主要器件是四上升沿 D 触发器（74LS175），其清零端 $\overline{R}_D$ 和时钟脉冲 CP 是 4 个触发器共用的。

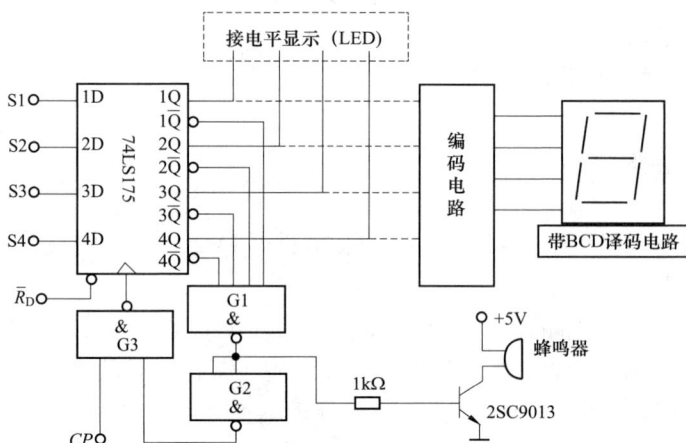

图 5-13　四人用抢答器参考电路

抢答前先清零，$1Q \sim 4Q$ 均为"0"，相应的发光二极管 LED 都不亮，蜂鸣器不响，数码显示为零。此时，$1\overline{Q} \sim 4\overline{Q}$ 均为"1"，**与非门 G1** 输出为"0"，则 G2 输出为"1"，时钟脉冲可以经过 G3 进入触发器的 CP 端。

抢答开始，优先按下 S1~S4（电平开关）中的任一按钮，相应的发光二极管 LED 亮；$1\overline{Q} \sim 4\overline{Q}$ 中对应的一个输出变为"0"，G1 输出为"1"，蜂鸣器发出响声，以做出指示；编码电路根据选手的编码，使带 BCD 译码电路的数码管显示相应选手的数字编号。

抢答结果实行优先锁存，即任一按钮先被按下后，G1 输出为"1"，则 G2 输出为"0"，将 G3 关断（输出为"1"不变），时钟脉冲便不能经过 G3 进入触发器的 CP 端。因为没有时钟脉冲，所以再接着按抢答按钮就不起作用了，触发器的状态不会改变，一直保持到主持人清零。

实验过程中，可按如下步骤调试：

（1）通电前检查。仔细检查电路各部分接线是否正确，检查电源、地线、信号线、元器件管脚之间有无短路，器件有无接错。

（2）通电检查。经老师复查许可后，接入电路所要求的电源电压，通电调试。观察电路中各部分器件有无异常现象，如果出现异常现象，应立即关断电源，待排除故障后，方可重新通电。

（3）单元电路调试。调试顺序按信号的流向进行，这样可以把前面调试过的输出信号作为后一级的输入信号，为最后的整机联调创造条件。通过调试，掌握必要的数据、波形、现象，然后对电路进行分析、判断，排除故障，完成调试要求。

（4）整机联调。整机联调时主要观察动态结果，检查电路的性能和参数，分析测量的数据和波形是否符合设计要求，对发现的故障和问题及时采取处理措施。

调试可根据电路的具体情况选择以上步骤的哪几步。

5.2.4　实验仪器及设备

实验仪器及设备见表 5-11。

表 5-11　　　　　　　　　　　　实 验 仪 器 及 设 备

名　　称	型号或使用参数	数　　量
电子技术实验装置	SBL-2	1 台
直流稳压电源	0V、+5V	1 块
数字万用表	VC890D	1 块

5.2.5　注意事项

（1）为便于接线和检查，实验时用到多个芯片时，在图中要注明芯片编号及各管脚对应的编号。

（2）细心连接各电路，以免因连线的失误造成电路的工作状态出错。

5.2.6　实验内容与步骤

连接实验线路时，各输出端分别接电平显示，置位端 $\overline{S}_D$ 和复位端 $\overline{R}_D$ 接逻辑电平开关，U_{CC} 和 GND 端分别接 +5V 电源的正、负极。实验开始时要先清零。

1. 异步二进制加法计数器

（1）利用两片双 JK 触发器 74LS76 集成芯片连接图 5-14 所示的异步二进制加法计数器电路图。

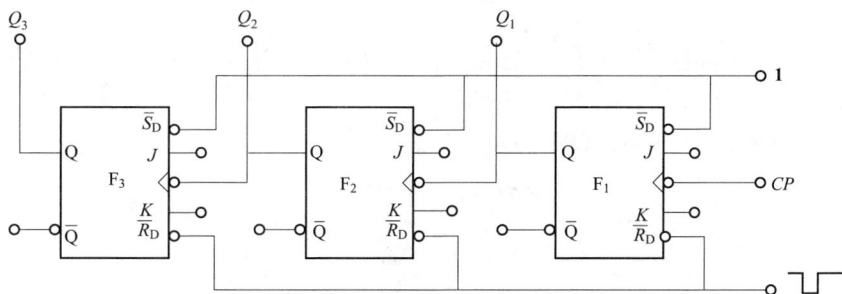

图 5-14　异步二进制加法计数器电路

（2）接通电源，由 CP 端手动输入单脉冲，按表 5-12 中的要求观察并记录 $Q_1 \sim Q_3$ 端的状态，写出对应的十进制数。

2. 同步五进制加法计数器

（1）利用两片 74LS76 双 JK 触发器和一片 74LS00 **与非**门构成图 5-15 所示的同步五进制加法计数器电路。

表 5-12　　　　　　　　　异步二进制加法计数器的功能测试

CP	Q_3　Q_2　Q_1	十进制数
0	**0**　**0**　**0**	0
1		
2		
3		
4		
5		
6		
7		
8		

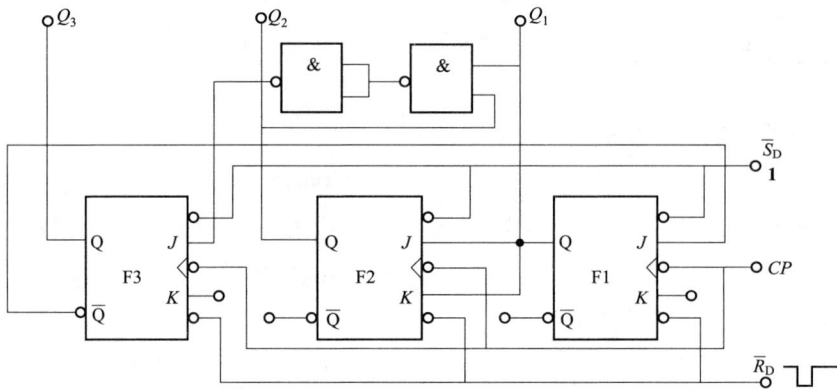

图 5-15　同步五进制加法计数器电路

（2）观察 $Q_3 \sim Q_1$ 端的状态变化，记录于自拟表格中，并写出对应的十进制数。

3. 验证二—五—十进制计数器 74LS290 的逻辑功能

二—五—十进制计数器 74LS290 的功能见表 5-13。

表 5-13　　　　　　　　　74LS290 功 能 表

$R_{0(1)}$	$R_{0(2)}$	$S_{9(1)}$	$S_{9(2)}$	Q_3　Q_2　Q_1　Q_0
1	**1**	**0** ×	× **0**	**0**　**0**　**0**　**0**
×	×	**1**	**1**	**1**　**0**　**0**　**1**
×	**0**	×	**0**	计数
0	×	**0**	×	计数
0	×	×	**0**	计数
×	**0**	**0**	×	计数

取一片二—五—十进制计数器 74LS290，时钟脉冲输入端 C_0 和 C_1 采用手动单脉冲源，按表 5-14 的要求验证 74LS290 的逻辑功能。注意每种功能验证之前应先清零。

表 5-14   74LS290 逻辑功能的验证

$R_{0(1)} \cdot R_{0(2)}$	$S_{9(1)} \cdot S_{9(2)}$	脉冲输入端	输出端	计数进制
0	0	C_1（C_0 不使用）	Q_0	
0	0	C_0（C_1 不使用）	Q_3 Q_2 Q_1	
0	0	C_0（C_1 接 Q_0）	Q_3 Q_2 Q_1 Q_0	

4. 用 74LS290 实现带数字显示的数字秒表

（1）在图 5-16 所示电路的基础上，利用两片 74LS290 构成带数字显示的数字秒表电路。芯片的输出端分别接在自带 BCD 码译码器的七段数码管输入端上。

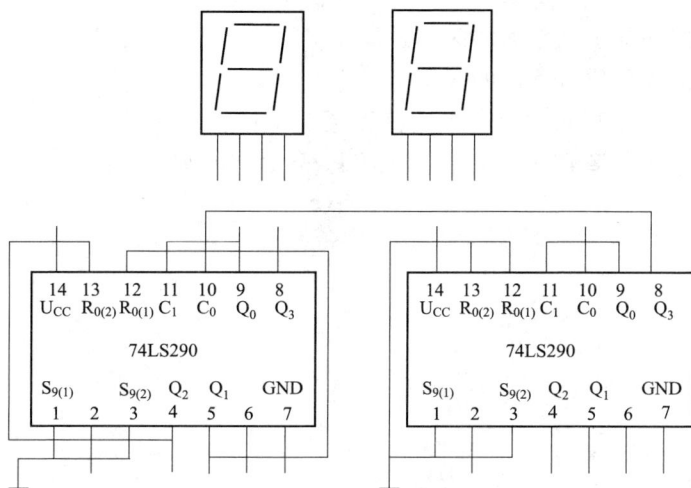

图 5-16   数字秒表电路

（2）输入时钟脉冲采用 1Hz 固定脉冲源，检验数字秒表的功能。

5. 抢答电路的测试

（1）抢答电路的输出测试。

1）参考图 5-13 连接 D 触发器的输入端（电平开关）及时钟脉冲电路，D 触发器的输出端接发光二极管指示电平进行监测。

2）模拟抢答，观察发光二极管指示电平显示是否正常。

（2）抢答电路的蜂鸣测试。

1）参考图 5-13 将蜂鸣电路部分接入。

2）模拟抢答，观察蜂鸣是否正常。

（3）抢答电路的数字显示测试。

1）参考图 5-13，将自己设计好的编码电路的输入端接至 D 触发器的输出端，编码电路的输出端接至带 BCD 译码电路的七段数码管上。

2）模拟抢答，观察数码显示是否正常。

5.2.7　实验报告要求

（1）根据测量结果说明异步加法计数器和同步加法计数器的功能，并区分二者的工作特点。

（2）说明数字秒表的构成原理。

（3）实验报告中要说明抢答器各组成环节的作用。

（4）给出抢答器电路中编码电路的编码表，并写出输出与输入的关系。

（5）回答下面的思考题。

5.2.8　思考题

（1）组合逻辑电路与时序逻辑电路有何不同？

（2）同步计数器和异步计数器的区别是什么？

（3）数码寄存器和移位寄存器的区别是什么？

（4）抢答器是如何实现对抢答结果实行优先锁存的？

（5）四人抢答器的蜂鸣器工作正常，而数码显示错误是什么原因？

第 6 章　基于 NI Multisim 的 EDA 仿真

6.1　电路仿真工具 NI Multisim 14.0 的使用介绍

电子设计自动化（electronic design automatic，EDA）技术是在计算机辅助设计（computer aided design，CAD）技术基础上发展起来的计算机设计系统。它是计算机技术、信息技术和计算机辅助制造（computer aided manufacturing，CAM）和计算机辅助测试（computer aided test，CAT）等技术发展的产物。

EDA 技术已经在电子设计领域得到广泛应用。发达国家目前已经基本上不存在电子产品的手工设计。电子产品从系统设计、电路设计到芯片设计、PCB 设计都可以用 EDA 工具完成，其中仿真分析、规则检测、自动布局和自动布线是计算机取代人工的最有效部分。利用 EDA 工具，可以大大缩短设计周期，提高设计效率，减小设计风险。

常用 EDA 工具软件较多，总体来看，EDA 工具软件具有电路设计、电路仿真及系统分析等功能。以下简要介绍应用普遍、功能强大、成熟稳定的计算机仿真工具 NI Multisim 的使用。

6.1.1　NI Multisim 14.0 简介

Multisim（多重交互）是加拿大交互图像技术（Interactive Image Technologies，IIT）有限公司推出的以 Windows 为基础的电子线路仿真工具，是该公司对早期（20 世纪 80 年代末）开发的电子线路仿真软件虚拟电子工作平台（Electronics Workbench，EWB）的升级版。Multisim 包含了电路原理图的图形输入、电路硬件描述语言输入方式，具有丰富的仿真分析能力。自 Multisim 2001 版推出之初就以其界面形象、直观，操作方便，分析功能强大，易学易用等突出优点而得到了迅速推广。2003 年升级为 Multisim 7.0 版本，功能已相当强大，并更加成熟和稳定。以后，加拿大 IIT 公司又相继推出 Multisim 8.0、8.3 等版本，但与 7.0 版相比，并没有太大的改进及很突出的优点。

2005 年，美国国家仪器（National Instruments，NI）有限公司收购加拿大 IIT 公司后，将该软件更名为 NI Multisim，并于 2006 年初首次推出 NI Multisim 9.0 版本，较 Multisim 7.0 版本，软件内容和功能有了很大变化，如增加了单片机和三维元件及设备等。随后，NI Multisim 又在不断升级，推出了 NI Multisim 10、12、13、14、16 等版本。NI Multisim 软件界面友好、功能强大、操作方便、直观，不仅可以作为大学生学习电路分析、模拟电子技术、数字电子技术、电工学、单片机、PLC 等课程的重要辅助软件，也是电子工程师进行实际电子系统仿真和设计的有效工具。

NI Multisim 14.0 的初始化界面如图 6-1 所示。

NI Multisim 14.0 进一步完善了以前版本的基本功能，同时增加了一些新的功能，其特点和优势包括：

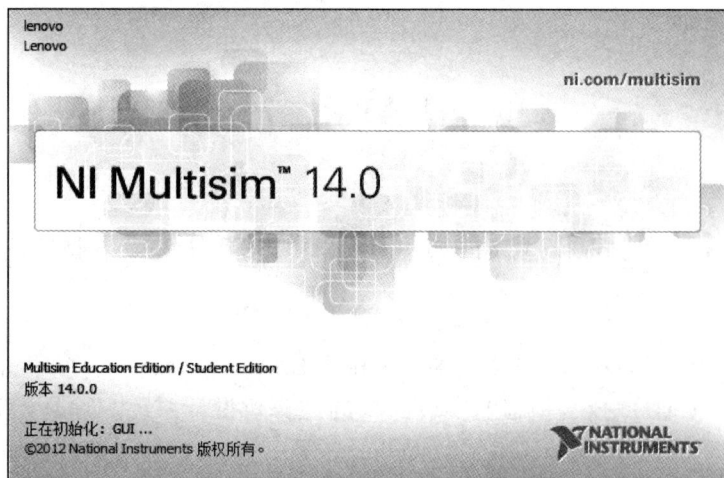

图 6-1　NI Multisim 14.0 的初始化界面

（1）完备的元器件库。借助领先半导体制造商的新版和升级版仿真模型，扩展了模拟和混合模式应用，元器件数量多达约 2 万个。

（2）功能强大的通用模拟电路仿真器（simulation program with integrated circuit emphasis，SPICE）仿真。能对模拟电路、数字电路、数模混合电路和射频（radio frequency，RF）电路等进行交互式仿真；借助来自荷兰 NXP 公司和美国国际整流器公司开发的全新金属—氧化层—半导体—场效应晶体管和绝缘栅双极型晶体管，可搭建先进的电源电路。

（3）虚拟仪器测试和分析功能。二十余种虚拟仪器和分析功能为电路性能的测试和分析提供了强有力的支持，新版本全新的主动分析模式可让用户更快地获得仿真分析结果。

（4）支持微控制单元（Microcontroller Unit，MCU）仿真，能实现基于 MCU 的单片机系统仿真；全新的 MPLAB（基于 MCU 的单片机编程软件）教学应用程序集成了 Multisim 14.0，可用于实现微控制器和外设仿真。

（5）支持用梯形图语言编程设计的系统仿真，增加了对工业控制系统仿真的支持。

（6）具有 PCB 文件的转换功能，可将仿真电路导出到 PCB 设计验证平台 Ultiboard。

（7）NI Multisim 14.0 可实现与 LabVIEW 的联合仿真，利用 LabVIEW 可采集、处理外部的真实信号，进一步丰富了 NI Multisim 14.0 的应用领域。

（8）配置了虚拟设计与原型制作电路试验板环境 ELVIS，以帮助初学者快速掌握实验技能，建立真实实验的感觉，达到与搭建实物电路相似的效果。

（9）与 NI ELVIS 原型设计板配套，提供了用真实元器件搭接电路和进行电路测试的环境，通过相关接口设计，实现了虚拟仿真与实际电路之间的无缝连接。

（10）针对 iPad 开发的 Multisim Touch，使用户可以在 iPad 上进行交互式电路仿真和分析。

（11）基于 NI 技术，建立了 Multisim 与外部真实电路的数据接口，实现了 Multisim 与 NI 虚拟仪器的联合仿真；通过 LabVIEW Signal Express 软件，实现了软件仿真与实际电路的交互，在实际工程应用中具有重要的意义。

与其他 EDA 工具软件相比，NI Multisim 14.0 界面直观、操作方便，创建电路需要的元器件及电路仿真需要的测试仪器均可直接从屏幕抓取，且元器件和仪器的图形与实物外形接近，仪器的操作开关、按键也与实际仪器极为相似。特别是 NI Multisim 14.0 中增设的与实物完全一样的实验面包板，更增加了学生对电路的感性认识，激发了学生的学习热情与兴趣。同时，NI Multisim 14.0 教育版针对教师和学生特别设计和建立了强大的教学功能，可以协助教师用崭新而有创意的方式来传授课程内容。

NIMultisim 14.0 软件的引入在促进电工电子技术教学的同时，也推动了电类学科的建设和发展。电类学科是一门实践性很强的学科，只有通过实验，才能培养学生的工程素质、动手能力和创新能力。但目前国内高校的实验场地和实验仪器等资源都十分有限，这在某种程度上制约了学生工程素质、动手能力和创新能力的培养。然而，有了 NI Multisim 14.0 软件和计算机，就相当于有了一个现代化的电工电子实验室，在这种不拘场合、不拘时间的"电工电子实验室"中，用以虚代实、以软代硬的方法做实验，既具有容易设计、容易修改和容易实现等优点，又可以有效地提高教学效率、降低教学成本，扩展了电子技术实验室的空间，为学生参加课外电工电子设计活动奠定了物质基础。

6.1.2　NI Multisim 14.0 的编辑环境

启动 NI Multisim 14.0 后，将出现如图 6-2 所示的主窗口。主窗口类似于 Windows 的界面风格，由标题栏、菜单栏、工具栏、工作区域、电子表格视图（信息窗格）、状态栏及项目管理器等部分构成。通过对各部分的操作可以实现电路图的输入、编辑，并根据需要对电路进行相应的观测和分析。

图 6-2　NI Multisim 14.0 的工作界面

在 NI Multisim 14.0 编辑环境中，标题栏显示了当前打开软件的名称及当前文件的路径、名称；工作区域用于原理图的绘制、编辑；在工作区域左侧的窗格统称为"项目管理器"，此窗格中只显示"设计工具箱"，可以根据需要打开和关闭，显示工程项目的层次结构；在工作区域下方的电子表格视图，也称为"信息窗格"，在该窗格中可以实时显示文件运行阶段的消息；在进行各种操作时，状态栏都会实时显示一些相关的信息，所以在设计过程中应及时查看状态栏。

下面对 NI Multisim 14.0 编辑环境中的菜单栏和工具栏这两个包含内容较多的组成部分加以具体介绍。

1. 菜单栏

菜单栏位于 NI Multisim 14.0 界面的上方，用于提供电路文件的存取、电路图的编辑、电路的模拟与分析、在线帮助等。菜单栏由 12 个菜单项组成，每个菜单项的下拉菜单中又包括若干条命令。

（1）文件菜单。该菜单主要用于管理所创建的电路文件，如图 6-3 所示。

（2）编辑菜单。该菜单包括一些基本的编辑操作命令（如撤销、重复、剪切、复制、粘贴、删除等命令）、元器件的注释及位置操作命令（如注解、旋转、定位等命令），如图 6-4 所示。

图 6-3　文件菜单

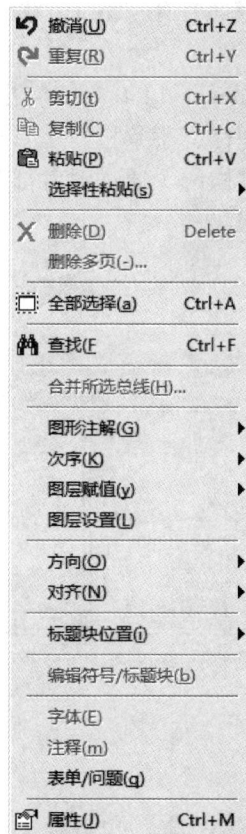

图 6-4　编辑菜单

（3）视图菜单。该菜单包含用于调整和控制仿真界面上显示的内容的操作命令，如图 6-5 所示。

（4）绘制菜单。该菜单提供了在电路工作窗口内放置元器件、连接器、总线和文字等的命令，以及层次模块管理命令，如图 6-6 所示。

（5）MCU 菜单。该菜单提供在电路工作窗口内 MCU 的调试操作命令。

（6）仿真菜单。该菜单提供了 18 个电路仿真设置与操作命令，如图 6-7 所示。

（7）转移菜单。该菜单提供了不同的传输命令。

（8）工具菜单。该菜单提供了 18 个元器件及电路编辑或管理命令，如图 6-8 所示。

全屏(F)	F11
母电路图(n)	
放大(i)	Ctrl+Num +
缩小(o)	Ctrl+Num -
缩放区域(a)	F10
缩放页面(D)	F7
缩放到大小(m)...	Ctrl+F11
缩放所选内容(Z)	F12
✓ 网格(G)	
✓ 边界(B)	
打印页边界(e)	
标尺(R)	
状态栏(S)	
✓ 设计工具箱(J)	
电子表格视图(V)	
✓ SPICE 网表查看器(P)	
LabVIEW 协同仿真终端(L)	
Circuit Parameters	
描述框(x)	Ctrl+D
工具栏(T)	
显示注释/探针(c)	
图示仪(h)	

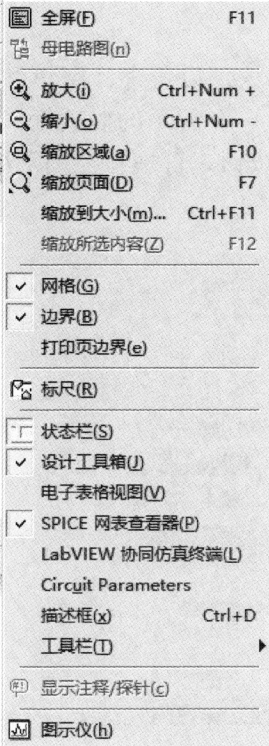

图 6-5　视图菜单

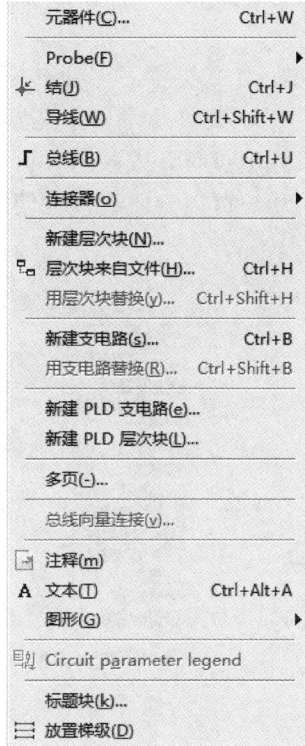

元器件(C)...	Ctrl+W
Probe(F)	
结(J)	Ctrl+J
导线(W)	Ctrl+Shift+W
总线(B)	Ctrl+U
连接器(o)	
新建层次块(N)...	
层次块来自文件(H)...	Ctrl+H
用层次块替换(y)...	Ctrl+Shift+H
新建支电路(s)...	Ctrl+B
用支电路替换(R)...	Ctrl+Shift+B
新建 PLD 支电路(e)...	
新建 PLD 层次块(L)...	
多页(-)...	
总线向量连接(v)...	
注释(m)	
文本(T)	Ctrl+Alt+A
图形(G)	
Circuit parameter legend	
标题块(k)...	
放置梯级(D)	

图 6-6　绘制菜单

运行(R)	F5
暂停(B)	F6
停止(S)	
Analyses and simulation(H)	
仪器(I)	
混合模式仿真设置(M)	
Probe settings(J)...	
反转探针方向(A)	
Locate reference Grobe	
NI ELVIS II 仿真设置(V)	
后处理器(P)	
仿真错误记录信息窗口(e)	
XSPICE 命令行界面(X)	
加载仿真设置(L)...	
保存仿真设置(D)...	
自动故障选项(f)...	
清除仪器数据(C)	
使用容差(U)	

图 6-7　仿真菜单

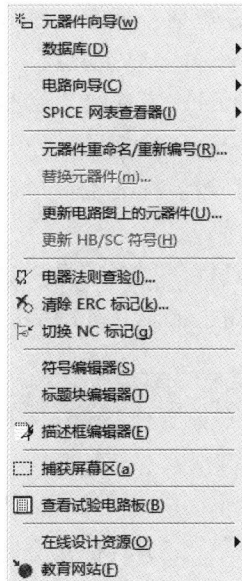

元器件向导(w)	
数据库(D)	
电路向导(C)	
SPICE 网表查看器(I)	
元器件重命名/重新编号(R)...	
替换元器件(m)...	
更新电路图上的元器件(U)...	
更新 HB/SC 符号(H)	
电器法则查验(I)...	
清除 ERC 标记(k)...	
切换 NC 标记(g)...	
符号编辑器(S)	
标题块编辑器(T)	
描述框编辑器(E)	
捕获屏幕区(a)	
查看试验电路板(B)	
在线设计资源(o)	
教育网站(F)	

图 6-8　工具菜单

（9）报告菜单。该菜单提供了材料清单、元器件报告及其他报表、数据等 6 个报告命令。

（10）选项菜单。该菜单提供了 5 个电路界面和电路某些功能的设定命令。

（11）窗口菜单。该菜单用于对窗口进行纵向排列、横向排列、打开、层叠及关闭等操作。

（12）帮助菜单。该菜单用于打开各种帮助信息。

2. 工具栏

NI Multisim 14.0 提供了多种工具栏，并以层次化的模式加以管理，用户可以通过菜单栏中"选项"下拉菜单的"自定义界面"命令，打开如图 6-9 所示的对话框，方便地选择将顶层的工具栏项目打开或关闭，再通过顶层工具栏中的按钮来管理和控制下层的工具栏。通过工具栏，用户可以方便直接地使用软件的各项功能。

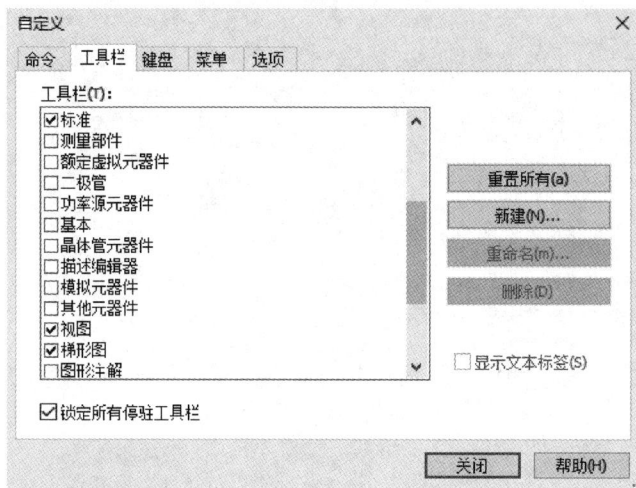

图 6-9　"自定义"对话框

顶层的工具栏包括：标准（Standard）工具栏、视图（View）工具栏、主（Main）工具栏，元器件（Component）工具栏、仿真（Simulation）工具栏、放置探针（Place probe）工具栏、虚拟（Virtual）工具栏、仪器（Instruments）工具栏、梯形图（Lad）工具栏及图形注解（Graphical annotation）等。

（1）标准工具栏。标准工具栏包括新建、打开、打印、剪切、复制、粘贴等常见的功能按钮，如图 6-10 所示。

（2）视图工具栏。视图工具栏提供了包括放大、缩小、缩放区域、缩放页面、全屏等视图显示的操作按钮，如图 6-11 所示。

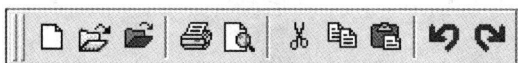

图 6-10　标准工具栏

图 6-11　视图工具栏

（3）主工具栏。主工具栏是 NI Multisim 14.0 的核心，包含了 Multisim 的一般性功能按钮，使用它可进行电路的建立、仿真及分析，并最终输出设计数据等，完成对电路从设计到分析的全部工作，其中的按钮可以直接开、关下层的工具栏。

如图 6-12 所示，主工具栏从左到右的前几个主要图标表示的功能按钮按类别分别为：

图 6-12　主工具栏

1）设计工具箱：显示工程文件管理窗格，用于层次项目栏的开启。

2）电子表格视图：用于开、关当前电路的电子数据表，位于电路工作区下方，可以显示当前工作区所有元器件的细节，并可对其进行管理。

3）SPICE 网表查看器：用于 SPICE（电路模拟仿真程序）网表。

4）查看试验电路板：用于 3D 试验电路板的查看。

5）图示仪：用于图示仪的查看。

6）后处理器：用于打开后处理器，以对仿真结果进行进一步操作。

7）母电路图：在子电路视图下回到母电路图。

8）元器件向导：打开、创建新元器件的向导，用于调整或增加、创建新元器件。

9）数据库管理：可弹出"数据库管理"对话框，对元器件进行编辑。

10）在用列表：在展开的下拉列表中显示并可选取正在使用的元器件。

（4）元器件工具栏。元器件工具栏如图 6-13 所示。元器件工具栏按元器件模型分门别类地放置在 18 个元器件库中，每个元器件放置同一类型的元器件，单击元器件工具栏的某一个图标即可打开该元器件库。另外，元器件工具栏还包含"层次块来自文件"及"总线"。

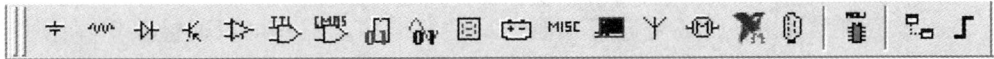

图 6-13　元器件工具栏

（5）仿真工具栏。仿真工具栏如图 6-14 所示。工具栏中的仿真按钮［Run/Stop Simulation（F5）］用于运行、停止电路仿真。原理图输入完毕，加载虚拟仪器后（没挂虚拟仪器时，开关为灰色，即不可用）。

（6）Place probe（放置探针）工具栏。放置探针工具栏如图 6-15 所示。工具栏中包含在设计电路时放置各种探针的按钮，还能对探针进行设计。

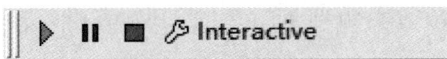

图 6-14　仿真工具栏

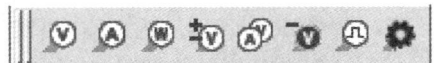

图 6-15　放置探针工具栏

（7）虚拟工具栏。虚拟工具栏如图 6-16 所示。虚拟工具栏中的按钮从左到右依次显示/隐藏 3D 系列、模拟系列、基本系列、二极管系列、晶体管系列、测量系列、其他系列、功率源系列、额定系列和信号源系列。

图 6-16　虚拟工具栏

（8）仪器工具栏。仪器工具栏如图6-17所示，通常竖向放置在工作窗口的右侧，也可将其移至工作窗口的上方横向放置。它是进行虚拟电子实验和电子设计仿真的最快捷而又形象的特殊窗格。

图 6-17　仪器工具栏

仪器工具栏中提供了万用表、函数发生器、功率表、示波器、频率特性测试仪等21种用来对电路工作状态进行测试的仪器、仪表，这些仪器、仪表的使用方法和外观与真实仪表相当。除为用户提供了常用仪器、仪表外，还有一类比较特殊的虚拟仪器 NI ELVIEmx 仪器，该仪器包含了8种实验室常用仪器，与 NI 公司的硬件 myDAD 结合使用，可实现用 NI ELVIEmx 仪器测量实际的电路。

（9）梯形图工具栏。梯形图工具栏提供了绘制梯形图的按钮，可以方便地设计 PLC 控制系统和继电器−接触器控制系统，如图6-18所示。

（10）图形注解工具栏。图形注解工具栏用于在原理图中绘制所需的标注信息，不代表电气连接，如图6-19所示。

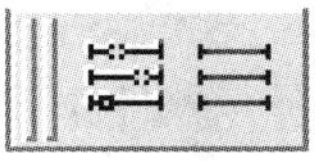

图 6-18　梯形图工具栏

图 6-19　图形注解工具栏

除以上介绍的工具栏外，还可进行其他工具栏的操作。用户可以通过菜单栏中"选项"下拉菜单"自定义界面"中的"工具栏"子菜单，标选其他工具栏加以使用。

6.1.3　NI Multisim 14.0 的电路创建基础及仿真

1. 创建电路文件

运行 NI Multisim 14.0，它会自动创建一个默认标题的新电路文件，该电路文件可以在保存时重新命名。

2. 电路图属性设置

进入 NI Multisim 14.0 后，需要根据具体电路的组成来规划电路界面，如图纸的大小及摆放方向、电路颜色、元器件符号标准、栅格等。

单击菜单栏中的"选项"按钮，弹出"电路图属性"对话框，如图6-20所示，来设置与电路图显示方式有关的一些选项。该对话框中有7个标签选项页面，每个页面中包含若干个功能选项，分别说明如下：

（1）"电路图可见性"选项卡中显示电路图中包含对象的分类，主要分为4类：元器件、网络名称、连接器和总线入口。在这4类选项组下包含15个特征，勾选特征前面的复选框，即可在电路图中显示该特征，反之，不显示该特征。

（2）"颜色"选项卡下拉列表中提供了5种程序预制的颜色方案，用来选择和设置电路工作区的背景、元器件、导线等的颜色。

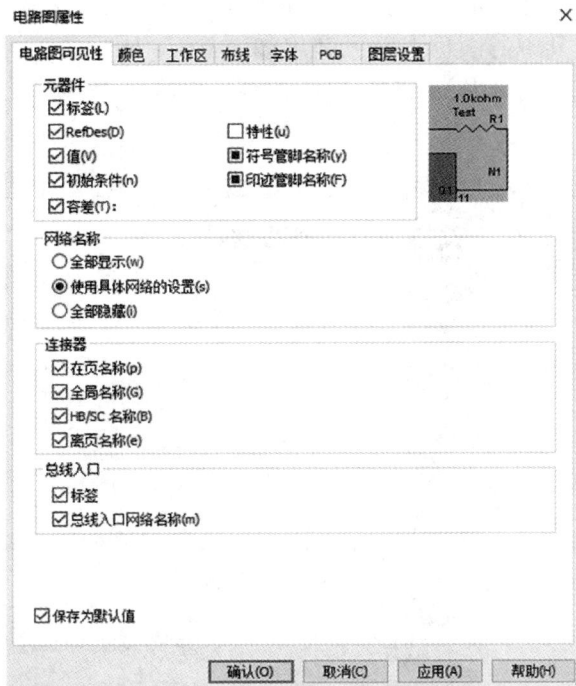

图 6-20　"电路图属性"对话框

（3）"工作区"选项卡的功能是设定图纸大小（公制图纸尺寸为 A、B、C、D、E，英制图纸尺寸为 A4、A3、A2、A1、A0，其他格式为法制、执行、对开，图纸大小也可自定义），图纸方向是纵向或横向，以及图纸网格、边框、页面边界的显示设置。

（4）"布线"选项卡用于设置导线宽度与总线宽度。

（5）"字体"选项卡分两部分：属性设置、对象设置。属性设置可设置字体种类、字形、大小，同时还可以设置字体的对齐方式，预览字体的设置结果；对象设置用于设置要更改的字体的对象，对象种类包括原理图中的元器件管脚文字和注释文字等，勾选对象前的复选框即可将字体设置应用到该类型中。

（6）"PCB"选项卡包括接地选项、单位设置、敷铜层和 PCB 设置。

（7）"图层设置"选项卡中包括"固定图层"与"自定义图层"两个选项组。"固定图层"选项组中显示原理图默认的固有图层；"自定义图层"选项组可添加自定义图层，并对自定义图层进行删除、重命名操作。固定图层选项组不能进行此类操作。

3. 放置元器件

元器件符号有美国国家标准（ANSI）和德国国家标准（DIN）。单击"选项"菜单"全局偏好"下拉菜单中的"元器件"按钮，可进行"符号标准"的选择。

（1）取用元器件。取用元器件的方法有两种：从工具栏取用或从菜单取用。

从工具栏取用：单击元器件工具栏的相应元器件库工具栏中的相应元件库按钮。

NI Multisim 14.0 中的元器件分"组"，每"组"又分"系列"，每个"系列"又有不同的元器件类型。选取元器件最直接的方法是从元器件工具栏的元件库中选取。选取元器件时，一般首先要知道该元器件是属于哪个元器件库，然后将指针指向所要选取的元器件所属的元器件分类库，即可拉出该元器件库。以 74LS00 为例，指向元器件库工具栏中按钮即可拉出 TTL 元件库，单击其中的图标，即可弹出如图 6-21 所示的"选择一个元器件"对话框。其中显示所选取元器件的相关资料，详细内容可以从 Multisim 的在线文档中获取。

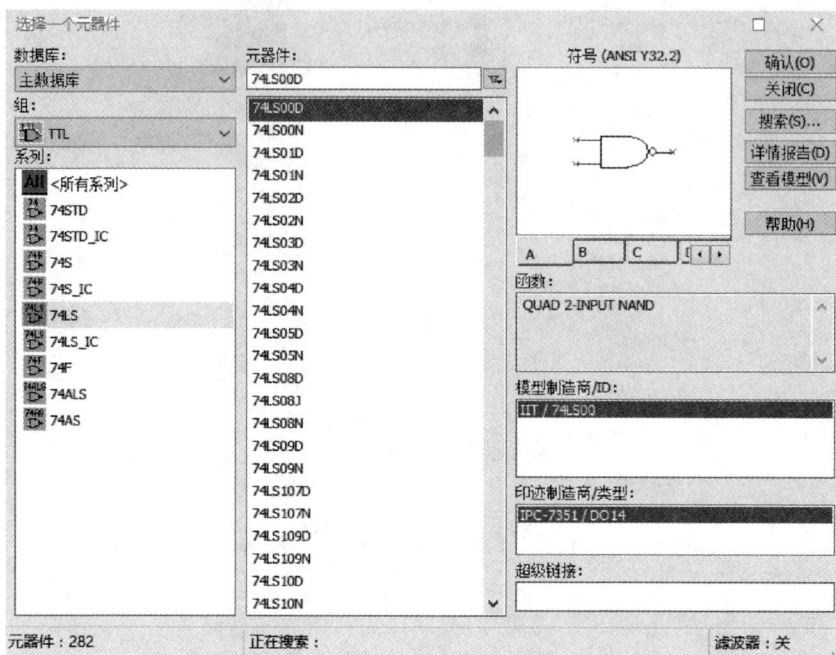

图 6-21 "选择一个元器件"对话框

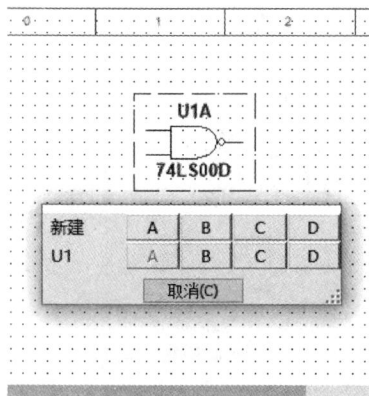

图 6-22 备选对话框

从菜单取用：通过"绘制"菜单命令打开"元器件"库窗口。该窗口与图 6-21 一样。

在"系列"列表中选择 74LS 系列，在"元器件"列表中选择 74LS00D。单击"确认"按钮就可以选中 74LS00D，出现图 6-22 所示的备选对话框。74LS00D 是四—二输入**与非**门，在对话框中选择的 A、B、C、D 分别代表其中的一个**与非**门，选中其中的一个放置在电路图编辑窗口中。元器件在电路图中显示的图形符号，用户可以在"选择一个元器件"对话框中的"符号"选项框中预览到。当元器件放置到电路编辑窗口中后，用户就可以进行移动、旋转、复制、粘贴等编辑工作。

另外，在"选择一个元器件"对话框中的"组"下拉菜单中还可选择其他元器件分类库。

（2）元器件的参数设置。选中电路编辑窗口中的元器件，双击，系统弹出相应元器件的对话框，可对其各项参数进行设置。

4. 连接电路

在将所需元器件放置在电路编辑窗口后，用鼠标可以方便地将各元器件连接起来。NI Multisim 14.0 中，线路的连接非常方便，一般有如下几种情形。

（1）两元器件之间的连接。当鼠标指针接近元器件管脚或仪器接线柱时，鼠标指针自动变为十字形，这样便于定位。只要在连线的起点定位后单击并拖拽鼠标指针至连线的终点，系统即自动连接这两个管脚之间的线路。

（2）元器件与某一线路的中间连接。从元件管脚开始，指针指向该管脚变为十字形后单击，然后拖向所要连接的线路上再单击，系统不但自动连接这两个点，而且会在所连接线路的交叉点上自动放置一个连接点。除上述情况外，对于两条交叉而过的情况，不会产生连接点，即两条交叉线并不相连接。

（3）连接点的放置。如果要让交叉线相连接，可在交叉点上放置一个连接点。操作方法如下：选择"绘制"菜单中的"结"命令，单击所要放置连接点的位置，即可在该处放置一个连接点，两条线就会连接。

（4）线轨迹的调整。在从元件的管脚引出线路的过程中，移动指针并单击移动路径的适当点，可得到一条自行设定的线轨迹；如果对已连接好的线路轨迹进行调整，可先将指针对准欲调整的线路，右击将其选中。按住鼠标左键，拖拽线上的小方块或两个小方块之间的线段至适当位置后松开即可。

（5）设置连线与连接点的颜色。将鼠标指针指向某一连线或连接点，右击，在弹出的快捷菜单中选择"区段颜色"命令，选取所需的颜色，然后单击"确定"按钮。注意：这时连接点及与其直接相连的线路的颜色将同时改变。

（6）删除连线和连接点。如果要删除连接点，则将鼠标指针指向所要删除的连接点，右击选取该点，在弹出的快捷菜单中选择"删除"命令即可。

（7）放置导线或连接器。选择"绘制"菜单中的"导线"或"连接器"命令，即可取出一根导线或一个连接器，移至适当位置后单击，即可将其固定。

（8）连接线排列调整。对已连接好的、排列不符合要求的连接线，可以重新调整。步骤如下：把鼠标指针移动到要改变的连线上，右击，选中此线后的鼠标指针变成双向箭头，按箭头方向适当平移到合适的位置。如果连接点有错，改正的具体方法如下：把鼠标指针移到元器件的接线端，鼠标指针变成"×"形式，单击，原本已固定的线头跟着鼠标指针走，移动到正确的连接点，再单击即可。

（9）放置总线。选择"绘制"菜单的"总线"命令，进入绘制总线的状态。拖拽所要绘制总线的起点，即可拉出一条总线。如要转弯，则单击即可。到达目的地后，双击即可完成该总线，系统自动给出一总线名称。如果要修改总线名称，则双击该总线，弹出"总线设置"对话框。在其中"总线名称"栏内输入新的总线名称，然后单击"确认"按钮。接着绘制元件与该总线连接的单线，单击所要连接的元件管脚，然后拖拽鼠标指针移向总线并单击，在弹出的"总线入口连接"对话框中输入单线的名称（如 A），单击"确认"按钮，关闭对话框，即可把单线名称反映到电路图上。在总线另一端与另一个元器件连接时，总线连接的两个元器件各相应管脚名称要确保一致，可以在元器件各管脚的"总线入口连接"对话框中的"可用的总线线路"文本框中查看到前一个元器件的管脚名称。

5. 加入虚拟仪器

NI Multisim 14.0 为用户提供了类型丰富的虚拟仪器，可以从仪器工具栏提供仪器、仪表库，选用 21 种仪器、仪表。选用后，各种虚拟仪器、仪表都以面板的方式显示在电路中。

在电路中选用了相应的虚拟仪器、仪表后，将需要观测的电路点与虚拟仪器、仪表面板

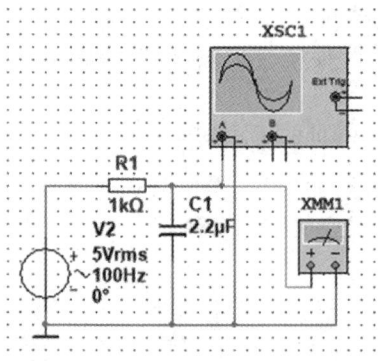

图 6-23　虚拟仪器、仪表
与电路点的连接电路

上的观测口相连，如图 6-23 所示，可以用虚拟示波器观测电路中两点的波形，同时可以用虚拟万用表观测电路的输出电压。

6. 电路仿真与分析

（1）电路仿真。单击"仿真/运行"按钮，启动电路仿真。

双击虚拟仪器就会出现仪器面板，面板为用户提供观测窗口和数设定按钮。在图 6-23 所示的示例电路图中，双击图中的示波器，就会出现示波器的面板，调整示波器扫描时基和 A 通道的比例刻度。通过仿真工具栏启动电路仿真，示波器面板的窗口中就会出现被观测点的波形，如图 6-24 所示。

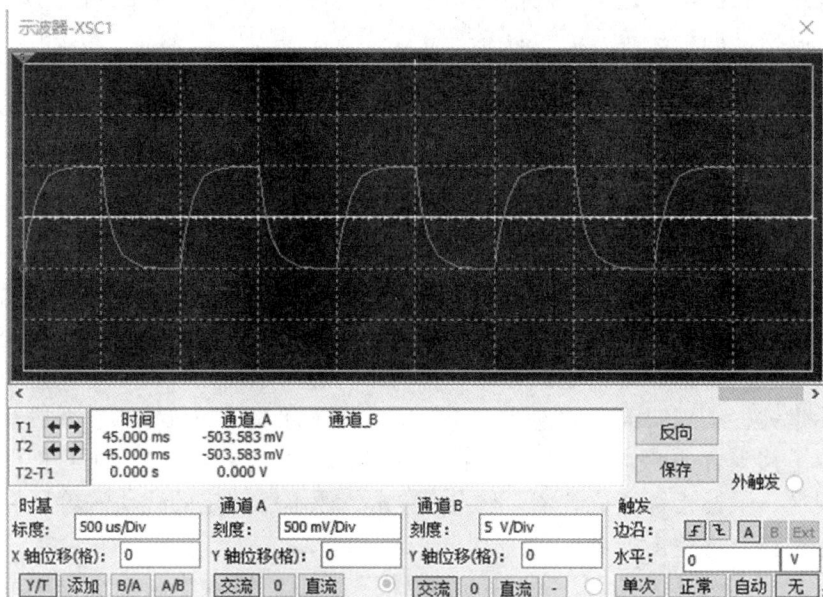

图 6-24　示波器面板的窗口显示

（2）电路分析。有时，需对电路进行专项分析，可通过单击仿真工具栏中的"Analyses and Simulation"按钮，在弹出的相应菜单中，提供了多种电路的分析方法，从中选择合适的分析方法，具体分析方法应用规则可以从 Multisim 的在线文档或关于 Multisim 使用方法的参考资料中获取。下面就图 6-23 所示的示例电路，用"交流分析"选项组对电路进行分析，检测电路输出信号的频率响应。

移动鼠标指针至电路输出端与示波器的连线上双击，弹出"网络属性"对话框，如图 6-25 所示。自定义一个网络名称，本例中定义为"v22"。

开始电路分析，单击仿真工具栏中的"Analyses and Simulation"按钮，在弹出的相应菜单中选择"交流分析"命令，弹出"交流分析"对话框。在"输出"选项卡中左边的电路参数选项组中选中"V（v22）"选项，再单击"添加"按钮，把"V（v22）"移到右边的被选定用于分析的变量分析框中去。选择结果如图 6-26 所示。

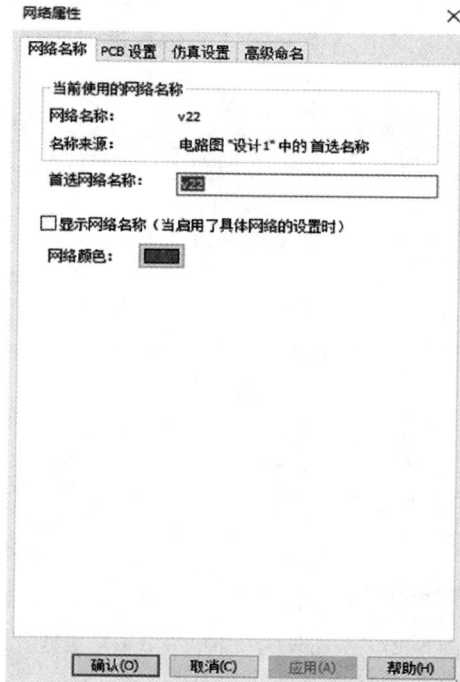

图 6-25　"网络属性"对话框

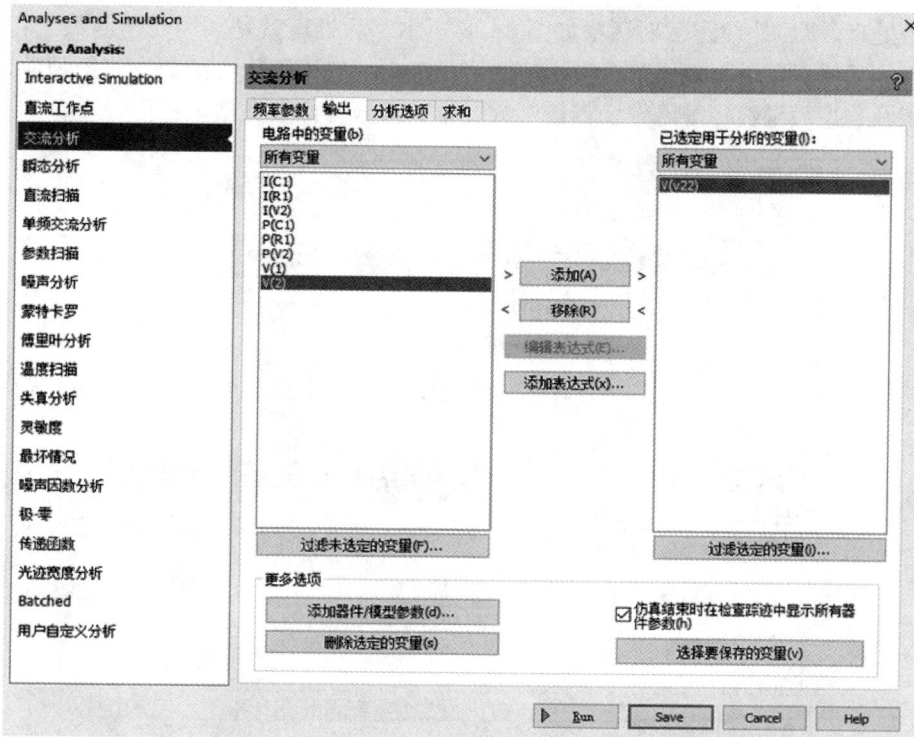

图 6-26　"交流分析"对话框

单击"Run"按钮，分析结果将显示在分析仪中。本例中，电路输出信号的频率响应分析结果的显示如图6-27所示。图6-27上半部分是幅频响应曲线，下半部分是相频响应曲线。如果不符合设计要求，可以对电路中元器件的参数进行适当调整，直到满意为止。

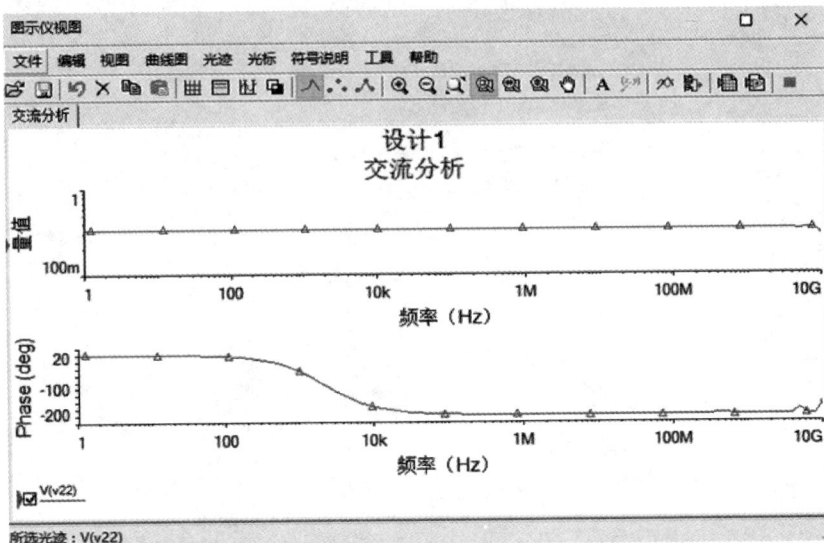

图6-27　分析仪的频率响应分析结果显示

7. 后处理

选择仿真菜单中"后处理器"命令，弹出"后处理器"对话框，可以对电路分析结果的数据进行后处理。"后处理器"对话框如图6-28所示。后处理就是利用数学函数进行再处理，把电路分析的具体对象用图表或数据表格等凸显出来，一般可用代数函数、三角函数、关联函数、逻辑函数、指数函数、复函数、相量函数、常数函数等函数类型进行再处理。

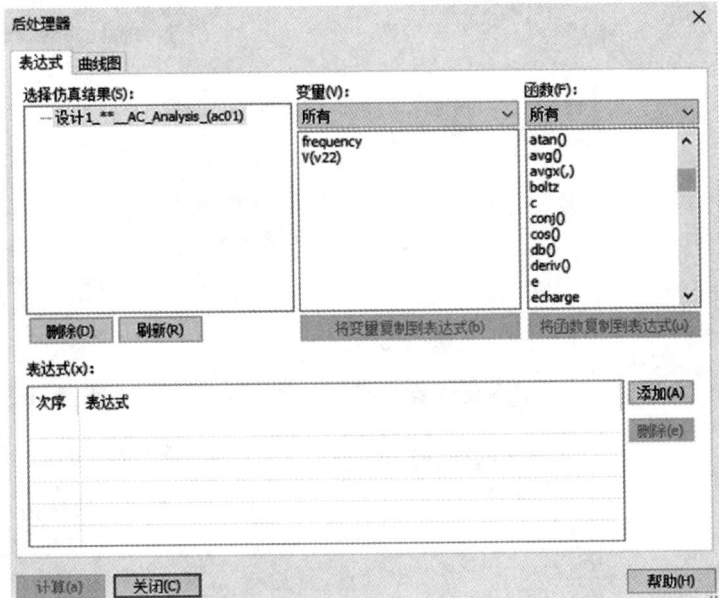

图6-28　"后处理器"对话框

8. 输出实验结果

实验结果的输出有以下 3 层含义。

（1）最终测试电路的保存。

（2）将电路图或仪器面板（包括显示波形）输出到其他文字或图形编辑软件，这主要用于实验报告的编写。

（3）报告输出。NI Multisim 14.0 允许电路产生各种报告，如元器件的材料清单、元器件的详细信息列表、网表、交叉引用报表、原理图统计数据及多余门电路报告。在主菜单中选择"报告"命令，从展开的下拉菜单中可选择相应的输出报告。

6.2　基本电路的仿真

6.2.1　实验目的

（1）熟悉 NI Multisim 14.0 电路仿真软件的使用方法。

（2）通过对几种基本电路的仿真过程，加深对各种电路概念及电路特点的理解。

6.2.2　预习要求

（1）阅读 6.1 节，全面了解电路仿真工具 NI Multisim 14.0 的特点、功能和使用方法。

（2）复习戴维南定理、一阶 RC 电路响应、RLC 串联电路的谐振及负载星形连接的三相电路的相关知识。

（3）了解本次实验的内容和步骤。

6.2.3　实验原理与说明

本次实验使用 Multisim 电路仿真软件，要仿真的内容有：戴维南定理、一阶 RC 电路响应、单一参数交流电路、RLC 串联电路的谐振及负载星形连接的三相交流电路。

1. 戴维南定理

戴维南定理：任一线性有源二端网络 N，就其对外电路的作用而言，都可以等效为一个电动势 E_o 和内阻 R_o 相串联的电压源。其中，电动势 E_o 为该二端网络的开路电压 U_o，内阻 R_o 为把该二端网络所有电源置零（但保留其内阻）后该网络的入端等效电阻。戴维南定理示意图如图 6-29 所示。

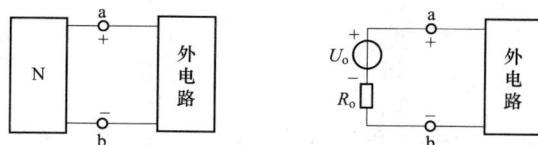

图 6-29　戴维南定理示意图

在网络 N 比较复杂或结构未知时，利用戴维南定理可以方便地求出外电路支路的电流或电压。

2. 一阶 RC 电路的响应

图 6-30 所示的一阶 RC 电路中，当电路发生换路时，电容两端的电压要从原稳态过渡到一个新的稳态。描述该一阶电路的微分方程为

$$RC = \frac{\mathrm{d}u_C}{\mathrm{d}t} + u_C = U$$

设 $u_C(0_+) = u_C(0_-) = U_o$，解该微分方程有

$$u_C(t) = U + (U_o - U)e^{-\frac{t}{\tau}}$$

式中：$\tau = RC$。

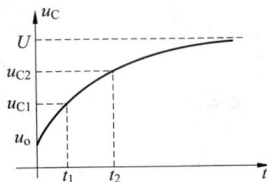

图 6-31 所示为一阶 RC 电路的响应波形。由该图可得

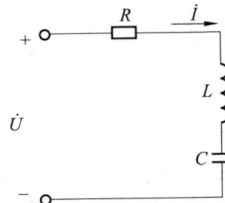

$$\tau = \Delta t / \ln \frac{u_C(\infty) - u_C(t_1)}{u_C(\infty) - u_C(t_2)}$$

式中：$\Delta t = t_2 - t_1$。可以利用此式来测量时间常数。

3. RLC 串联电路的谐振

正弦交流电路在以相量法分析时，在关联参考方向下，电阻元件端电压与通过它的电流的相量关系为 $\dot{U}_R = \dot{I}R$，端电压与电流之间无相位差；电感元件端电压与通过它的电流相量关系为 $\dot{U}_L = (j\omega L)\dot{I}$，端电压超前电流接近 90°；电容元件端电压与通过它的电流相量关系为 $\dot{U}_C = -jX_C\dot{I} = -j\frac{1}{\omega C}\dot{I}$，端电压滞后电流 90°。电阻元件是耗能元件，其消耗的功率为 $P = UI = I^2R$，电感元件、电容元件是储能元件，不消耗功率。据以上关系，可确定这三个电路元件的参数。

交流电路中的 RLC 串联电路如图 6-32 所示，其阻抗是电源角频率 ω 的函数，即

$$Z = R + j\left(\omega L - \frac{1}{\omega C}\right) = R + jX = |Z| \angle \varphi$$

式中：$|Z|$ 是阻抗的模值；φ 是阻抗的辐角，也是总电压与总电流的相位差。

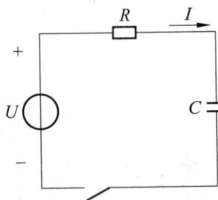

图 6-30 一阶 RC 电路　　　图 6-31 一阶 RC 电路的响应波形　　　图 6-32 RLC 串联电路

当电抗 $X(\omega) = \omega L - \frac{1}{\omega C} = 0$，即 $f_0 = \frac{1}{2\pi\sqrt{LC}}$ 时，总电压与总电流同相，电路处于谐振状态。

可见，要使电路满足谐振条件，可通过改变 L、C 或 f 来实现。

在 RLC 串联谐振电路中，若 $X_L = X_C > R$，则 $U_L = U_C > U$。

4. 负载星形连接的三相交流电路

三相负载星形连接时，在有中性线（零线）的情况下，不论负载对称还是不对称，其线电流等于相电流，即 $\dot{I}_L = \dot{I}_{ph}$；线电压在大小上为相电压的 $\sqrt{3}$ 倍，即 $U_L = \sqrt{3}\,U_{ph}$，且在相位上 u_L 比相应的 u_{Ph} 超前 30°。

当负载对称时，负载的相电流也是对称的，中性线电流 $\dot{I}_N = \dot{I}_1 + \dot{I}_2 + \dot{I}_3 = 0$，所以中性线可以不要，此时 $U_1 = U_2 = U_3$，$I_1 = I_2 = I_3$。

当负载不对称时，中性线电流 $\dot{I}_N \neq 0$。如果去掉了中性线，负载各相电压就不再对称，因而负载不能正常工作，甚至发生损坏。所以，在负载不对称时必须采用三相四线制，中性线的作用就在于使丫形连接的不对称负载的相电压保持对称。

6.2.4　实验仪器及设备

实验仪器及设备见表 6-1。

表 6-1　　　　　　　　　　　　　实 验 仪 器 及 设 备

名　　称	型号或使用参数	数　　量
个人计算机	联想启天	1 台
电路仿真软件	NI Multisim 14.0	1 套

6.2.5　注意事项

（1）注意在连接仿真电路图时，不要丢失"地"。
（2）线路连接要准确，以免因连线错误造成仿真结果与理论结果的偏差。

6.2.6　实验内容与步骤

1. 戴维南定理的仿真测试

（1）在开始菜单栏选择程序中的"NI Multisim 14.0"命令，弹出 NI Multisim 14.0 的工作界面。

（2）在电路图编辑窗口连接图 6-33 所示的线性有源二端网络实验电路。

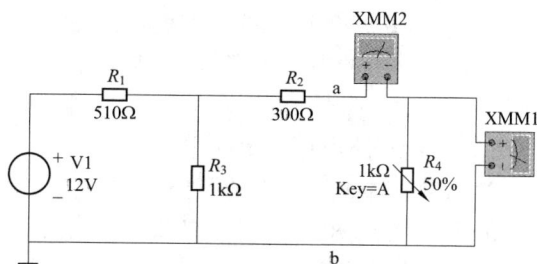

图 6-33　线性有源二端网络实验电路

1）单击窗口中元件库上的"放置基本"按钮即可弹出基本元器件库，单击其中的 RESISTOR（电阻）图标，选取阻值后，单击"确认"按钮，拖拽鼠标指针至操作窗口的任意空白位置并单击，即可将选中的电阻元件放入图中。双击该元件，弹出其属性对话框，可设置和更改电阻参数。设置完毕后，单击对话框中的"确定"按钮即可。

2）单击电阻元件库的 VARIABLE_ RESISTOR（电位器，或称可调电阻）图标，按照上述方式将电位器放入图中。可变电阻旁所显示的数值指两个固定端子之间的总阻值，而百分比则表示此时两端子间的电阻值占总电阻值的百分比。电位器滑动点的移动通过鼠标指针指向电位器后出现的移动条块来减小或增大百分比。

3）关闭基本元器件库，单击窗口元件库中"放置源"按钮，打开电源元件库，按照电路要求选择合适的电源及地放到操作窗口中，电源参数的改变与电阻参数的改变相仿。

4）进行连线，具体连接方法参见 6.1 节中的有关介绍。

（3）连接好电路后，单击窗口右侧虚拟仿真仪器中的万用表图标，按照放置各元件的方式将万用表放入操作窗口中并连接，双击该元件，打开万用表面板，即可选择万用表的不同测量功能。万用表的连接方式与实际万用表一样。

（4）单击窗口上方仿真菜单中的"运行"按钮，在 Multisim 环境下对线性有源二端网络实验电路进行仿真测试。

方案一：实验测试法。

1）调整线性有源二端网络右侧负载电阻 R_L 的取值，用万用表测量二端网络的伏安特性 $U=f(I)$，将测量数据填入表 6-2 中。

2）利用表 6-2 中的测量值画出伏安特性曲线，并确定出戴维南等效电路参数 U_o、R_o。开路电压 $U_o=$ _____，等效电阻 $R_o=$ _____。

表 6-2   **戴维南定理的仿真测试**

R_L（Ω）标称值		100	300	500	700	1000
线性有源 二端网络	I（mA）					
	U（V）					
戴维南 等效电路	I（mA）					
	U（V）					

方案二：开路电压和等效电阻法。

1）从 a、b 点断开电路，测量有源二端网络的开路电压 U_o。

2）将电路中的电压源置零，用万用表欧姆挡从 a、b 点间测量无源二端网络的等效电阻 R_o。

方案三：开路电压和短路电流法。

1）测量有源二端网络的开路电压 U_o，方法同上。

2）将 a、b 点短路，测量有源二端网络的短路电流 I_S。

3）利用开路电压 U_o 和短路电流 I_S 计算等效电阻 R_o。

比较 3 种方案的所得结果，在编辑窗口画出构造的戴维南等效电路。将方案一中的负载电阻 R_L 接于电路右侧，测量等效电路伏安特性，将测量数据填入表 6-2 中。

2. 一阶 RC 电路响应仿真测试

（1）按图 6-34 连接电路。

（2）对函数发生器设置如下：矩形脉冲波、频率 1kHz、占空比 50%、幅值 2.5V、偏置 2.5V，即输入信号 5V/1kHz 的方波信号。

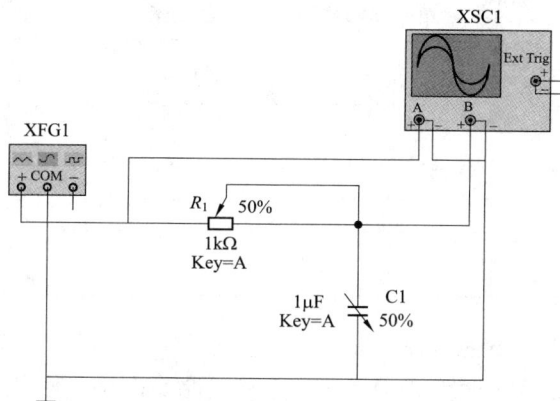

图 6-34　一阶 RC 电路

（3）打开示波器界面，单击"仿真/运行"按钮。观察电阻和电容的参数均为总值的 20%、50% 及 90% 时的响应波形，将波形记录于表 6-3 中，并根据波形的变化趋势，说明波形随 RC 的增加而改变的原因。

表 6-3　　　　　　　　　　　　　一阶 RC 电路响应仿真测试

RC 的总值占比	20%	50%	90%
波形			
波形随 RC 的增加而改变的原因			

3. 测量单一参数交流电路

（1）打开"NI Multisim 14.0"，在电路图编辑窗口准备连接如图 6-35 所示的单一参数交流电路。

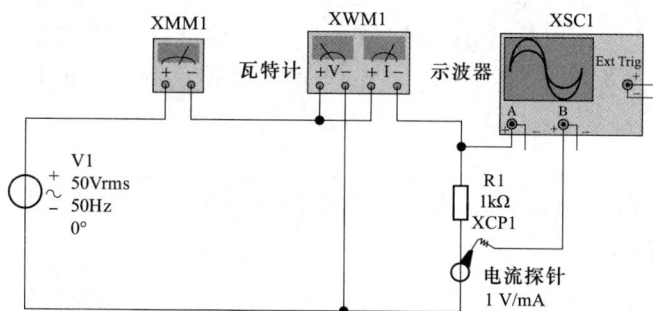

图 6-35　单一参数交流电路

（2）在元件库中取用实验元器件。

（3）分别单击窗口右侧虚拟仿真仪器中的万用表、瓦特计、电流探针、示波器图标，放置使用的仪表。电流探针用于示波器同时观测电压、电流波形。相位差可通过瓦特计测得的功率因数求得，或用示波器测量，测量时使用示波器中光标截取时间，再换算为角度。

（4）连接好电路后，仿真运行，并将测量结果记录于表 6-4 中。

实验中，电阻取 $1\text{k}\Omega$，电感取 2H，电容取 $6.7\mu\text{F}$。

表 6-4   单一参数交流电路仿真测量

参数	U 〔V〕	I 〔mA〕	P 〔W〕	φ 〔°〕	计算值
R					
L					
C					

4. *RLC* 串联电路波形及谐振曲线仿真测试

（1）在 NI Multisim 14.0 环境下按图 6-36 连接电路。图中，示波器两个通道的接地端未进行连接，系统默认为接地，这是与实际示波器使用的区别。

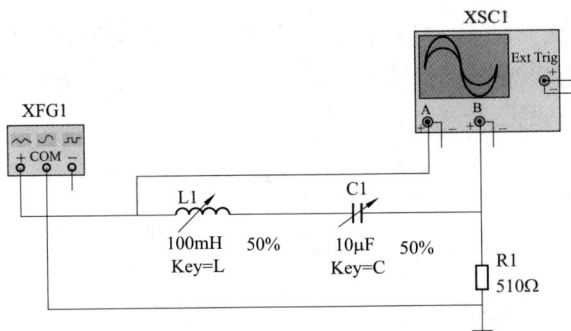

图 6-36 *RLC* 串联电路

（2）双击函数发生器，打开面板设置界面，对其输出波形的参数设置如下：频率 500Hz、幅值 5V、偏置 0V。

（3）进入仿真调试状态。双击示波器，观察 A、B 两个通道（A 通道为输入的信号源电压，B 通道为输出的电阻端电压）信号的波形。按 L（Shift+L）键或 C（Shift+C）键，增加（减小）可调电感 L_1 或电容 C_1 的总值占比，当输入与输出的信号波形同相时，波形重合，此时电路发生谐振。

谐振时，$L_1 =$ ＿＿＿＿＿＿，$C_1 =$ ＿＿＿＿＿＿＿，$f_0 =$ ＿＿＿＿＿＿。

（4）使可调电感 L_1 或电容 C_1 的总值占比为 50％，调节改变信号源的频率，使之达到谐振频率，即输入与响应同相。

谐振频率 $f_0 =$ ＿＿＿＿＿＿。

5. 测量负载星形连接的三相交流电路

（1）在"NI Multisim 14.0"电路图编辑窗口准备连接如图 6-37 所示的负载星形连接实验电路。

（2）在电源元件库，选取三相电源"THREE_PHASE_WYE"，其值为"120V、60Hz"；打开"放置指示器"，取用灯"LAMP"，选取"120V_100W"。

（3）取用其他相关器件及仪表，连接线路并仿真运行。

（4）将负载对称与不对称，且有中线和无中线时，各项测量值记入表 6-5 中。要求负载不对称时第一相并入一组两盏串联的灯。

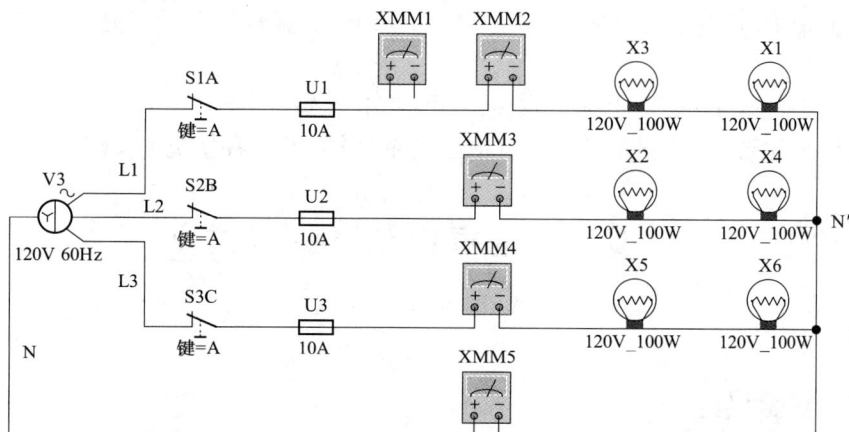

图 6-37　负载星形连接的实验电路

表 6-5　　　　　　　　　　　单一参数交流电路仿真测量

项目		U_L（V）			U_{Ph}（V）			（V）	（mA）			
		U_{12}	U_{23}	U_{31}	U'_{1N}	U'_{2N}	U'_{3N}	U'_{NN}	I_1	I_2	I_3	I_N
负载对称	有中线											
	无中线											
负载不对称	有中线											
	无中线											

（5）结果分析。

（测量负载对称及不对称两种情况下，有中线和无中线时各相灯的亮度如何变化，说明原因，并说明中线的作用。）

6. 自选实验

自选感兴趣的电路进行仿真。

6.2.7　实验报告要求

（1）实验报告中要给出不同测试方案下戴维南等效电路的参数，并对不同方案所得的结果加以比较。

（2）绘出一阶 RC 电路的响应曲线，给出时间常数。

（3）绘出 RLC 串联电路谐振时电阻上的电压响应波形，给出电路谐振时电阻元件上对应的电压幅值。

（4）回答下面的思考题。

6.2.8　思考题

（1）仿真实验与操作性实验比较，优点是什么？

131

（2）通过一阶 *RC* 电路仿真实验，可发现 Multisim 仿真软件在瞬态分析中具有什么样的功能？

（3）*RLC* 串联电路在交流电路中发生谐振时有什么特征？

（4）不对称负载丫形连接实验中，有中性线和无中性线两种情况下，灯的亮度有何变化？

6.3 电气控制系统的仿真

6.3.1 实验目的

（1）熟悉 NI Multisim 14.0 仿真软件对电气控制系统进行仿真和分析的方法。

（2）通过对继电接触器控制线路、PLC 控制系统的仿真过程，加深对电气控制系统的认识。

6.3.2 预习要求

（1）认识电路仿真工具 NI Multisim 14.0 进行电气控制技术仿真的使用方法。

（2）复习继电接触器控制系统、PLC 及其应用的相关知识。

（3）了解本次实验的内容和步骤。

6.3.3 实验原理与说明

电气控制系统可分为继电接触器控制系统和 PLC（可编程控制器）控制系统。继电接触器控制系统主要是利用各种配电电器、控制电器实现相应的电气控制，PLC 控制系统主要是通过对 PLC 编程实现相应的电气控制。PLC 控制系统的硬件部分离不开继电接触器控制，而 PLC 的梯形图编程语言是图形语言，类似于继电接触器控制线路。本次实验仿真的继电接触器控制系统是电动机拖动运动部件进行自动往返运动控制，仿真的 PLC 控制系统电动机的丫-△换接启动。

1. 自动往返运动控制

电动机拖动运动部件在起点和终点间进行自动往返运动的继电接触器控制主要利用的是行程开关及电动机的正反转控制。令起点装有行程开关 SQ1，终点装有行程开关 SQ2，图 6-38 所示为其一种控制线路。通过运动部件分别与行程开关 SQ1 及 SQ2 的碰撞，实现一次自动往返运动。SQ1 控制实现电动机的原位停车，SQ2 控制实现电动机的反向运转。当运动部件前进运动到限位之处时，SQ2 动作，切断正转控制线路，使电动机停止正转，同时接通反转控制线路，使电动机反向启动运转，运动部件随之后退；当运动部件后退运动到限位之处时，SQ1 动作，切断反转控制线路，使电动机停车，运动部件停止运动。

图 6-38 中运动部件的前进与后退运动由电动机正反转控制来实现，正反转控制的实现是通过更换相序（任意对调两根电源线）来改变电动机的旋转方向的。线路中为避免接触

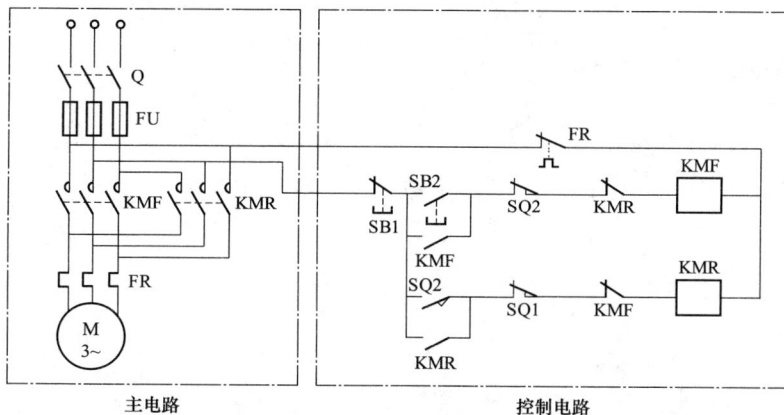

图 6-38 运动部件自动往返运动控制线路

器 KMF（正转控制）、KMR（反转控制）主触点同时得电吸合造成三相电源短路，在正转控制线路中串接有 KMR 动断触头，在反转控制线路中串接有 KMF 动断触头，从而保证线路工作时 KMF、KMR 不会同时得电，以达到电气互锁的目的。

2. Ⅴ-△换接启动

由于异步电动机的启动电流比较大，容易对电网产生影响，故常对电动机进行降压启动，而Ⅴ-△换接启动是常见的对正常工作△形连接的异步电动机的一种降压启动方法。本次实验采用图 6-39 所示主电路。启动时，KM1、KM3 首先同时闭合，电动机进行Ⅴ形连接降压启动。设 5s 后启动完成，此时断开 KM1、KM3，（1s 后）再相继接通 KM2、KM1，电动机换接为△形连接，并开始正常运行。

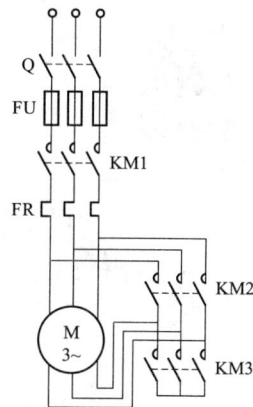

图 6-39 电动机Ⅴ-△换接启动主电路

6.3.4 实验仪器及设备

实验仪器及设备见表 6-6。

表 6-6 实 验 仪 器 及 设 备

名　称	型号或使用参数	数　量
个人计算机	联想启天	1 台
电路仿真软件	NIMultisim 14.0	1 套

6.3.5 注意事项

（1）在仿真软件元器件库中认真区分元器件。

（2）注意对异步电动机、梯形图梯级及硬件电路进行正确的设置。

6.3.6 实验内容与步骤

1. 自动往返运动控制的仿真

（1）对照图 6-38，绘出的参考仿真电路如图 6-40 所示。

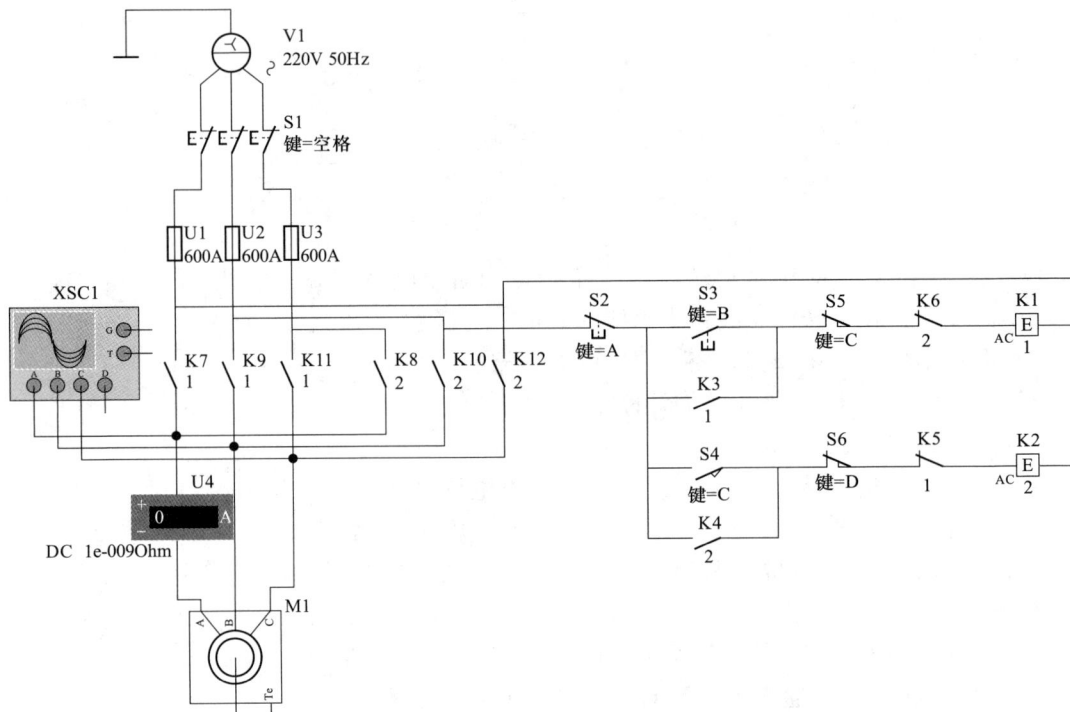

图 6-40　仿真用自动往返运动参考电路

（2）连接电路。在 NI Multisim 14.0 的电路图编辑窗口点击放置机电式，弹出机电式元器件库，来选取元器件。图 6-40 中，M1 选取的是笼式三相电动机，为符合工程实际，要将其值设置为：定子漏电感 = 10mH，定子电阻 = 2Ω，转子漏电感 = 13.5mH，转子电阻 = 1.5Ω。

交流线圈 K1 和 K2 及其可控制的触点 K3 ～ K12 在 COILS RELAYS（线圈和继电器）系列中选取。交流线圈：ENERGIZING_COIL_AC；触点 K3 ～ K12：动断 NC_CONTACT、动合 NO_CONTACT。选取后，双击点开，将触点的线圈标志的值设置成控制其动作的线圈的标志值，如图中线圈 K1，下面的线圈标志为 1，其可控制的触点 K3、K5、K7、K9、K11 下面的线圈标志也为 1。

按钮及行程开关在 SUPPLEMENTARY SWITCHES 系列中取用，注意图中行程开关 S4、S5 同用切换键"C"控制其动作，为联动触点；熔断器在"放置其他"元器件库中取用。

（3）仿真运行。按下图中启动按钮 S3 后，观测示波器的波形，记入表 6-7 中；再两次按下键"C"（行程开关 S4、S5 联动后），观测示波器的波形，记入表 6-7 中。

（4）通过仿真及两次观察示波器的波形，将得出电动机的动作过程，以及在启动过程中，通过电流表看到的启动电流的变化趋势记入表 6-7 中。

表 6-7　　　　　　　　　　　　　自动往返运动的仿真测试

	按下启动按钮 S3	两次按下键 "C"
示波器波形		
动作过程		
启动过程 电流的变化		

2. 基于 PLC 的三相异步电动机丫-△换接启动的仿真

（1）用 PLC 实现三相异步电动机丫-△换接启动的主电路参照图 6-39。仿真中 PLC 的 I/O 分配见表 6-8。仿真实验中用指示灯的亮灭代表交流接触器（KM）的接通与断开。

表 6-8　　　　　　　　　　　　　　　I/O 分配表

PLC 输入	PLC 输出
SB1（启动）　X1（100 1）	KM1 输出指示灯　Y1（200 1）
SB2（停车）　X2（100 2）	KM2 输出指示灯　Y2（200 2）
	KM3 输出指示灯　Y3（200 3）
公共端接 24V	输出公共端接 GND

（2）参照图 6-41 绘制梯形图。①选择主菜单 "绘制" → "放置梯级"，或单击快捷键按钮 ☰，放置梯级。单击鼠标一次就有一个梯级出现，单击鼠标右键，可结束梯级的放置。

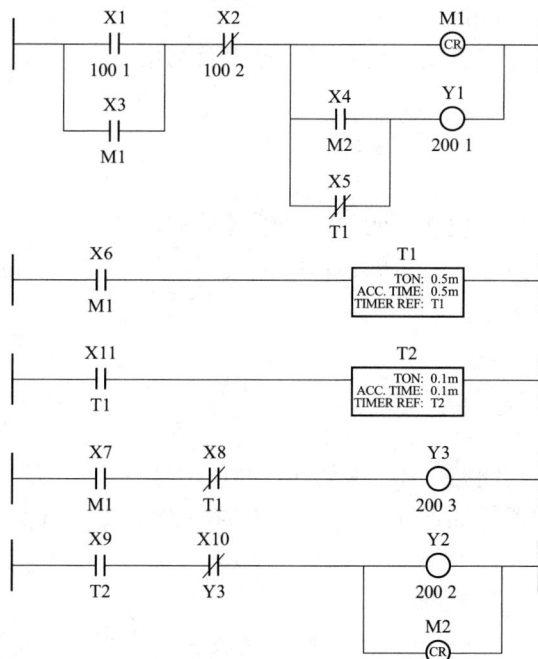

图 6-41　仿真用丫-△换接启动梯形图

②选择主菜单"绘制"→"元器件",或单击快捷键按钮▤,完成放置继电器线圈、触点等操作。如点击"LADDER_CONTACT"→"RELAY_CONTACT_NC",可放置继电器动合触点,而点击"INPUT_CONTACT_NO"可放置输入端口对应的动断触点;点击"LADDER_RELAY_COILS"→"RELAY_COIL",可放置触点的线圈;点击"LADDER_OUTPUT_COILS"→"OUTPUT_COIL",可放置输出线圈;点击"LADDER_TIMERS"→"TIMER_TON",可放置通电延时定时器。

触点下面的标识符为其对应的线圈或 I/O 端口标识符。双击定时器可修改延时时间,延迟时间以 ms 为定时单位。T1 延时的值设为 0.5m,T2 延时的值设为 0.1m,对应的实际时间 T1 延时 5s 动作,T2 延时 1s 动作。③在输入/输出模块(LADDER_IO_MODULES)上完成 PLC 的外部接线,如图 6-42 所示。

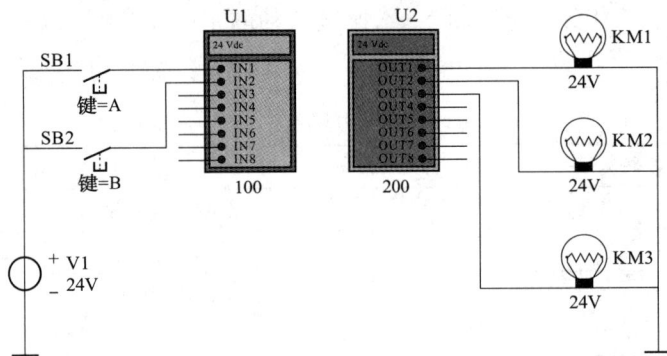

图 6-42　PLC 的外部接线

输入/输出模块选取"24Vdc"。若信号从编号为"100"的输入模块的"IN1"输入,则其地址为"100 1",以此类推。

（3）根据仿真运行后的窗口图,说明控制过程及结论。

6.3.7　实验报告要求

（1）通过示波器的波形变化,说明自动往返运动的动作过程。
（2）截取记录完整的仿真运行后的窗口图,说明自动往返运动的动作过程。
（3）回答下面的思考题。

6.3.8　思考题

（1）自动往返运动仿真线路图中,K5、K6 的作用是什么?
（2）仿真控制线路中器件如何选取?实验中的虚拟示波器与实际示波器在接线连接时有什么区别?
（3）如何绘制仿真用的梯形图?
（4）Υ-△换接启动时,Υ形连接降压启动完成后,为何要先断开 KM1 后再换接成△形连接?

6.4　模 拟 电 路 的 仿 真

6.4.1　实验目的

（1）熟悉 NI Multisim 14.0 仿真软件的使用方法。

（2）通过单管放大电路的静态及动态分析、运算放大器的线性应用，学习用 NI Multisim 14.0 仿真软件对模拟电路进行分析和仿真。

6.4.2　预习要求

（1）复习电路仿真工具 NI Multisim 14.0 的使用方法。

（2）复习模拟电路中单管放大电路、运算放大器线性应用的相关知识。

（3）自拟实验用记录表格。

6.4.3　实验原理与说明

1. 单管放大电路

单管放大电路是由单个晶体管构成的放大电路，分为共射极、共集电极和共基极 3 种结构。每种电路都有自己的特点和用途。共射极放大电路的放大倍数高，是常用的电压放大器；共集电极放大电路（也称为射极输出器）的输入电阻高、输出电阻低、带负载能力强，常用于多级放大电路的输入级、输出级或中间缓冲级；共基极放大电路的频带宽、高频性能好，在高频放大器中十分常见。衡量放大电路的指标如下：电压或电流放大倍数、输入与输出电阻、通频带等。

本次实验使用 NI Multisim 14.0 仿真软件来仿真共射极单管放大电路的静态及动态分析。有关原理说明参见 4.1 节。

2. 运算放大器的线性应用

集成运算放大器是应用十分广泛的模拟集成器件，具有高增益、高输入阻抗、低输出阻抗、高共模抑制比等特点。作为高增益放大器，运算放大器在加负反馈时工作于线性放大状态，广泛应用于信号的线性放大、叠加、微分、积分和滤波等；在不加反馈或加正反馈时，则工作在非线性状态，主要用于比较器和振荡器。

本次实验使用 NI Multisim 14.0 仿真软件来仿真集成运算放大器加负反馈时构成的几种运算电路。有关原理与说明参见 4.2 节。

6.4.4　实验仪器及设备

实验仪器及设备见表 6-9。

表 6-9   实 验 仪 器 及 设 备

名　　　称	型号或使用参数	数　　量
个人计算机	联想启天	1 台
电路仿真软件	NI Multisim 14.0	1 套

6.4.5　注意事项

（1）实验中，对照仿真电路图仔细连线，避免接错。

（2）注意对虚拟信号发生器及示波器进行正确的设置。

6.4.6　实验内容与步骤

1. 单管放大电路仿真测试

单管放大电路如图 6-43 所示。

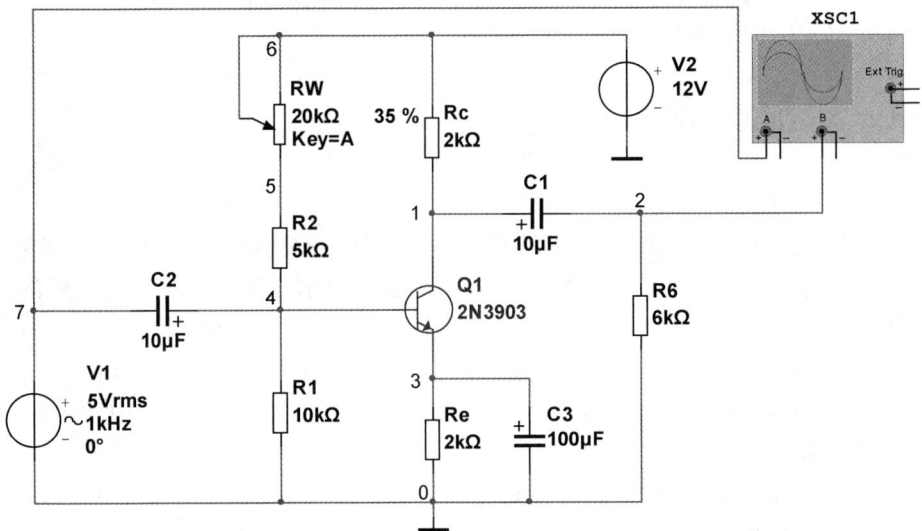

图 6-43　单管放大电路

（1）打开 NI Multisim 14.0 仿真软件，从元器件库中选取元器件，并从仪器库中选取虚拟仪器（示波器），连接图 6-43 所示的单管放大电路。图中，示波器两个通道的接地端未进行连接，系统默认为接地，这是与实际示波器的使用区别。电路的具体创建方法可参见6.1 节的相关介绍。

（2）连接好电路后，双击元器件，在弹出的对话框中可重新设置元器件参数，如在"标签"选项组中改变元器件名称，在"值"选项组中改变元器件的量值大小等。通过对话框的"管脚"选项组可看到元器件连接端点的网络编号，将其网络编号通过绘制"文本"标于电路图中的相应结点上，如图 6-43 所示单管放大电路的网络编号为 0、1、2、3、4、5、6、7。元器件"管脚"的网络编号与元器件的选取顺序有关，故对于相同的电路图其网络编号可不同。

（3）输入频率为 $f=1$ kHz、有效值为 5mV 的正弦交流电压信号。用虚拟示波器仿真观察输出波形，同时调节 R_W（鼠标点击一下 R_W 后，按下 A 键为增、按下组合键 Shift+A 键为减）为合适值，使输出为最大不失真波形。

（4）确定此时的静态工作点：对实验电路中晶体管 Q1 的 b、c、e 三个电极（图中为结点 4、1、3）及集电极电流 I_C，进行直流工作点分析（单击仿真工具栏中的 "Analyses and simulation" 按钮，在弹出的相应菜单中选择 "直流工作点" 命令，然后在 "输出" 选项组中添加 V4、V1、V3、Q1 的 IC），将运行得到的 V_B（V4）、V_C（V1）、V_E（V3）三个电位值及集电极电流 I_C（Q1 的 IC）的值记录于表 6-10 中。

表 6-10　　　　　　　　　　　　　单管放大电路仿真测试

静 态 测 量 值				动 态 测 量 值			
V_B（V）	V_C（V）	V_E（V）	I_C（mA）	A_u	f_1（Hz）	f_2（Hz）	f_2-f_1（Hz）

（5）对实验电路的交流输出（图 6-43 中的结点 2）进行交流分析 [单击仿真工具栏中的 "Analyses and simulation" 按钮，在弹出的相应菜单中选择 "交流分析" 命令，然后将 "频率参数" 选项组中的 "垂直刻度" 选为线性，在 "输出" 选项组中添加 V（2）]，运行得到频率响应特性。单击图形显示窗口中的 "显示光标" 按钮，移动幅频特性上的光标 1（或光标 2），并观察其弹出的说明对话框，使光标至 x1（或 x2）为 1kHz 左右，将此频率下放大电路的电压放大倍数的大小即 y1（或 y2）的值记录于表 6-10 中。通过两个光标的移动，使其对应的 y1 和 y2 约等于最大值的 0.707 倍，从而确定上 f_2、下限截止频率 f_1 及通频带宽度（f_2-f_1）。将测量结果记录于表 6-10 中。

2. 运算放大器线性应用电路的仿真测试（一）

（1）在 Multisim 环境下，创建图 6-44 所示的运算放大器线性应用电路。图中 XFG1 为函数发生器，为电路提供正弦输入信号。

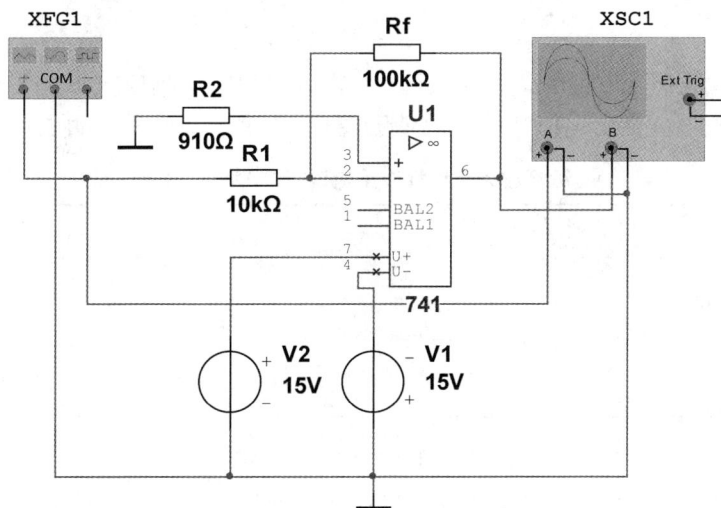

图 6-44　运算放大器线性应用电路（一）

（2）在频率为1kHz的正弦波输入条件下，按表6-11中对输入信号大小的要求（通过函数发生器参数的设定得到），观测输出响应，将结果记录于表6-11中，分析说明电路功能，并与理论计算值相比较。

表6-11　　　　　　　　运算放大器线性应用电路（一）的测试

输入交流电压幅值 U_{im}（V）		0.1	0.3	0.5	1
输出电压 U_{om}（V）	实测值				
	计算值				
电路功能					

*3. 运算放大器线性应用电路的仿真测试（二）

（1）创建图6-45所示的运算放大器线性应用电路。函数发生器的输出选取频率为1kHz、幅值为2V的正弦波信号，U_{i2}为直流信号。

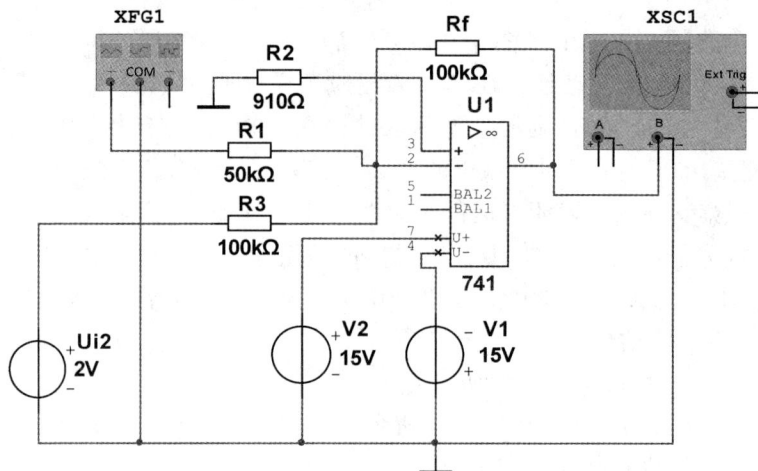

图6-45　运算放大器线性应用电路（二）

（2）示波器通道B选"直流"，触发选"无"。观测输出响应波形，根据通道B的刻度（V/DIV），即每格多少算出幅值，结果记录于表6-12中，并分析说明电路功能。

表6-12　　　　　　　　运算放大器线性应用电路（二）的测试

输出电压波形	U_{om}（V）
（U-t坐标图）	
	电路功能

4. 运算放大器线性应用电路的仿真测试（三）

（1）创建图6-46所示的运算放大器线性应用电路。

（2）对实验电路的输出结点进行直流扫描分析（单击仿真工具栏中的"Analyses and

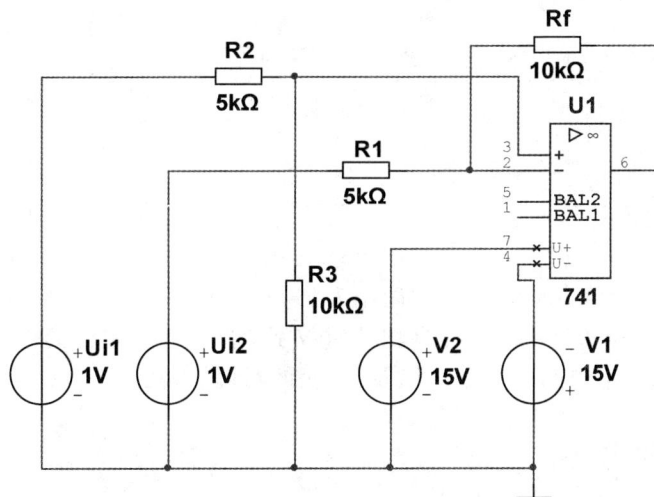

图 6-46　运算放大器线性应用电路（三）

simulation"按钮，在弹出的相应菜单中选择"直流扫描"命令，然后将"分析参数"的"源 1"选为 U_{i1}，"输出"选项组中添加输出结点电压），运行得到 U_{i1} 从 1V 扫描至 6V 的分析结果，并分析输出电压 U_o 与输入电压差值 $U_{i1}-U_{i2}$ 的关系。将结果记录于表 6-13 中。

表 6-13　　　　　　　　运算放大器线性应用电路（三）的测试

U_{i1} 在 1~6V 时输出电压波形	U_o 与 $U_{i1}-U_{i2}$ 的关系
$U_o(V)$ ↑ ↓ $U_{i1}(V)$	电路功能

6.4.7　实验报告要求

（1）给出测量得到的放大电路的静态工作点，电压放大倍数，通频带上、下限频率及带宽。

（2）对照输入波形，绘出运算放大器线性应用的各电路的输出响应波形，给出幅值，并说明电路的功能。

（3）回答下面的思考题。

6.4.8　思考题

（1）单管放大电路的电压放大倍数受哪些因素的影响？

（2）仿真实验中的虚拟示波器与实际示波器在接线时有什么区别？

（3）在仿真过程中，用到了 Analyses and Simulation 的哪些功能？

141

6.5 数字电路的仿真

6.5.1 实验目的

（1）进一步熟悉 NI Multisim 14.0 的使用方法。
（2）学习利用 NI Multisim 14.0 仿真软件对数字电路进行仿真研究的方法。
（3）进一步认识数字电路的特性，以及分析和设计的方法。

6.5.2 预习要求

（1）复习电路仿真工具 NI Multisim 14.0 的使用方法。
（2）复习数字电路中有关组合逻辑电路及时序逻辑电路的相关知识。

6.5.3 实验原理与说明

数字电路主要包括组合逻辑电路、时序逻辑电路两大类。组合逻辑电路是由各种门电路组合而成的、具有一定逻辑功能的电路，如比较常见的加法器、编码器、译码器和数据选择器等电路，门电路可分为 TTL 和 CMOS 两种类型；时序逻辑电路是触发器或加上一些门电路构成的具有时序工作特性的逻辑电路，如比较常见的寄存器、计数器等电路。

本次实验使用 NI Multisim 14.0 仿真软件来仿真组合逻辑电路的分析、加法器、译码器及计数器。

1. 组合逻辑电路的分析

组合逻辑电路的分析，就是根据已知逻辑电路，写出其输出与输入间的逻辑关系式，并化简成最简形式，列出状态表（真值表），根据状态表分析得出电路的逻辑功能。而应用 NI Multisim 14.0 中的逻辑变换器可以直接由逻辑电路图得到状态表，还可列出状态表直接得到最简逻辑表达式。

逻辑变换器的图标及操作对话框如图 6-47 所示。逻辑变换器图标中，左侧开始的 8 个端子（对应于操作对话框中的 A~H 端子）可为组合逻辑电路提供输入变量，最右端的接线端子（对应于操作对话框右上方的输出端子）可提供输出变量。

由逻辑电路图得到状态表的方法如下：逻辑变换器连接好输入、输出变量后，单击操作对话框右侧第一个变换按钮（"电路"→"状态表"），即可生成状态表，再单击操作对话框右侧第三个变换按钮（"状态表"→简化的"逻辑表达式"），即可生成最简逻辑表达式；若通过列写状态表来得到最简逻辑表达式，这时逻辑变换器不需连接逻辑电路，单击 A~H 变量上方与之相对应的小圆圈可选中该变量，变量的值自动出现在其下方，单击右侧的"?"，可列出输入变量不同取值的组合所对应的函数值，单击操作对话框右侧第三个"状态表"→简化的"逻辑表达式"变换按钮，即可生成最简逻辑表达式，如图 6-47 操作对话框所示。其他变换按钮的功能可自行理解，还可在实验中加以验证。

(a)

(b)

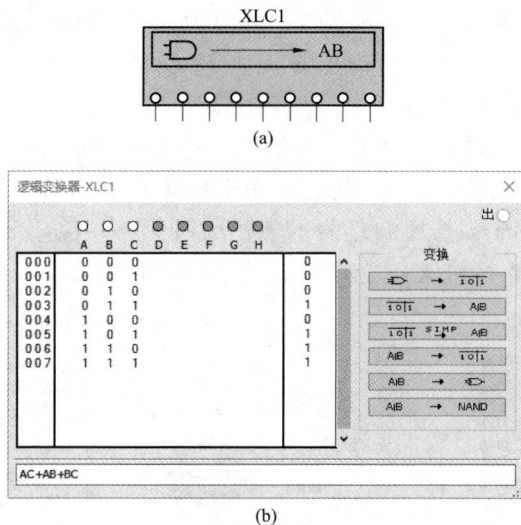

图 6-47　逻辑变换器图标及操作对话框

（a）图标；（b）操作对话框

2. 加法器

在数字逻辑系统中，两个二进制数的加、减、乘、除都是由加法运算操作来完成的。加法器又分为半加器和全加器，半加是两个对应的本位数相加；全加是两个对应的本位数相加，再加上低位来的进位数。由全加器可以构成多位加法器。

74LS283N 是常见的 4 位二进制加法器，其逻辑符号如图 6-48 所示，两个 4 位二进制数的输入端分别是"A4A3A2A1""B4B3B2B1"，C0 端输入最低位来的进位数，求和后的输出端是 SUM4321，最高位的进位输出端是 C4。接电源及地的管脚隐藏。

3. 译码器

译码器的逻辑功能是将输入的二进制代码译成对应的高、低电平输出，也是编码的逆操作。常用的译码器有二进制译码器、二—十进制译码器和显示译码器 3 类。

本次实验选用低电平有效的 3 位二进制译码器 74LS138D，其逻辑符号如图 6-49 所示。图中，CBA 是 3 位二进制代码的输入端，Y0～Y7 取反（低电平有效）是 8 个信号的输出端，使能端 G1 为"1"、G2A 及 G2B 为"0"时译码器工作。

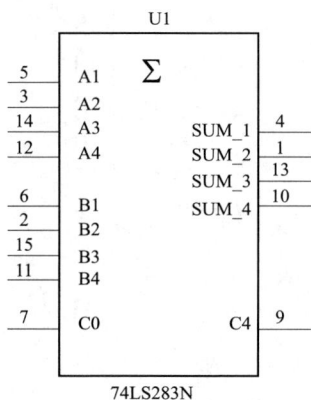

图 6-48　74LS283N 的逻辑符号

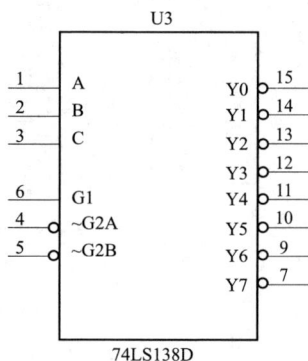

图 6-49　74LS138D 的逻辑符号

为全面验证译码器的逻辑功能，实验中用字发生器为译码器提供输入信号。字发生器是一个可编辑的通用数字激励源，可产生并提供 32 位的二进制数，用于输入到要测试的数字电路中去。图 6-50（a）所示为字发生器图标。双击打开"字发生器"操作对话框，如图 6-50（b）所示，左侧是控制部分，右侧是字符信号的字符值显示窗格。其中"控件"用于设置右侧字符信号的输出方式，"显示"用于设置右侧字符信号的显示格式，"触发"用于触发方式，"频率"用于设置字符信号的输出时钟频率。编辑字符信号时，将光标指针移至字符信号编辑区的某一行或某一位并单击，即可开始编辑。

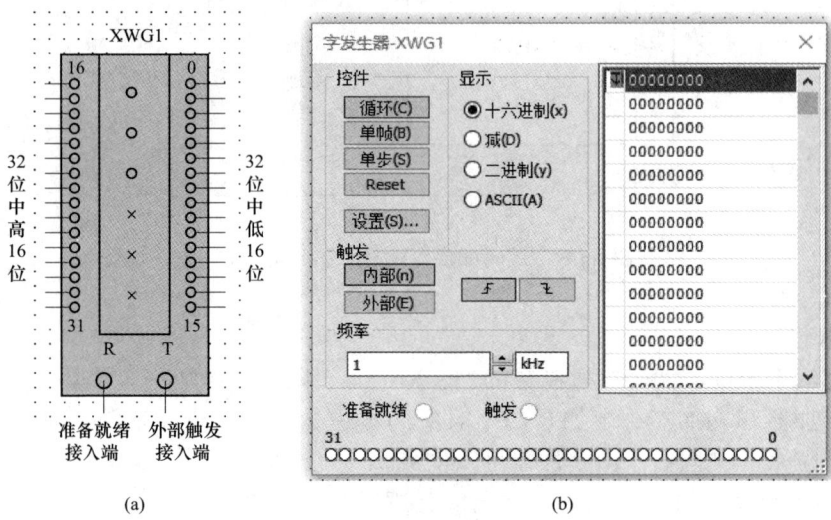

图 6-50　字发生器的图标及操作对话框
（a）图标；（b）操作对话框

实验中，用逻辑分析仪对输出进行分析。逻辑分析仪的图标及操作对话框如图 6-51 所

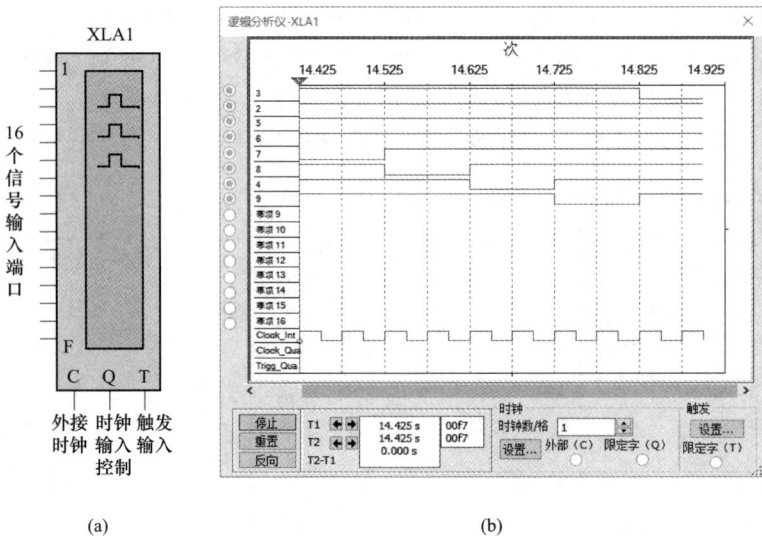

图 6-51　逻辑分析仪的图标及操作对话框
（a）图标；（b）操作对话框

示，可同时显示 16 路逻辑通道信号。操作对话框左侧 16 个接线柱对应仪器的 16 个接线端口，当仪器接线端口与电路中某一点相连时，操作对话框上对应的接线柱圆环中就会显示一个黑点，并同时显示此连线的编号，此编号是按连线的时间先后顺序排列的。仿真时，16 路输入的逻辑信号的波形以方波形式显示在波形显示区。通过操作对话框下部的"时钟"及"触发"选项组对时钟性质及触发性质进行设置。

4. 计数器

在数字电路中使用最多的时序逻辑器件就是计数器。计数器不仅可以用于计数，还可以用于定时、分频及数字运算等。按计数器中的触发器是否同时翻转分类，计数器可分为同步计数器和异步计数器。

本次实验将要仿真的同步 4 位二进制加法计数器 74LS161N 的逻辑符号如图 6-52 所示，D、C、B、A 为其 4 个预置数输入端；~LOAD 是置数控制端；~CLR 是清零端；CLK 是时钟脉冲端；ENP 及 ENT 是使能端，计数时置 1；QD、QC、QB、QA 为计数输出端。

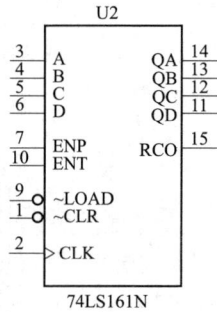

图 6-52　74LS161N
的逻辑符号

6.5.4　实验仪器及设备

实验仪器及设备见表 6-14。

表 6-14　　　　　　　　　　　实 验 仪 器 及 设 备

名　　　称	型号或使用参数	数　　　量
个人计算机	联想启天	1 台
电路仿真软件	NI Multisim 14.0	1 套

6.5.5　注意事项

（1）实验中，对照仿真电路图仔细连线，避免接错。

（2）本实验需要事先了解集成逻辑器件及逻辑变换器、逻辑分析仪的使用方法，以保证实验的顺利进行。

6.5.6　实验内容与步骤

1. 组合逻辑电路的分析测试

（1）在 Multisim 环境下，创建图 6-53 所示的组合逻辑实验电路。

（2）双击逻辑变换器，打开其操作对话框，单击操作对话框右侧的第一个变换按钮，生成状态表。

（3）根据状态表，分析并说明逻辑电路的功能。

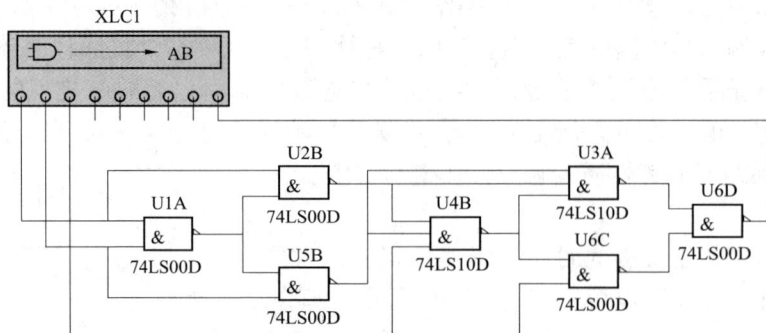

图 6-53　组合逻辑实验电路

2. 加法器功能的仿真测试

（1）在 Multisim 环境下，创建图 6-54 所示的由 74LS283N 构成的 4 位加法器电路。转换按键提供输入的高、低电平；由发光二极管的亮、灭指示相加的和，发光二极管亮表示输出为 1，发光二极管灭表示输出为 **0**。

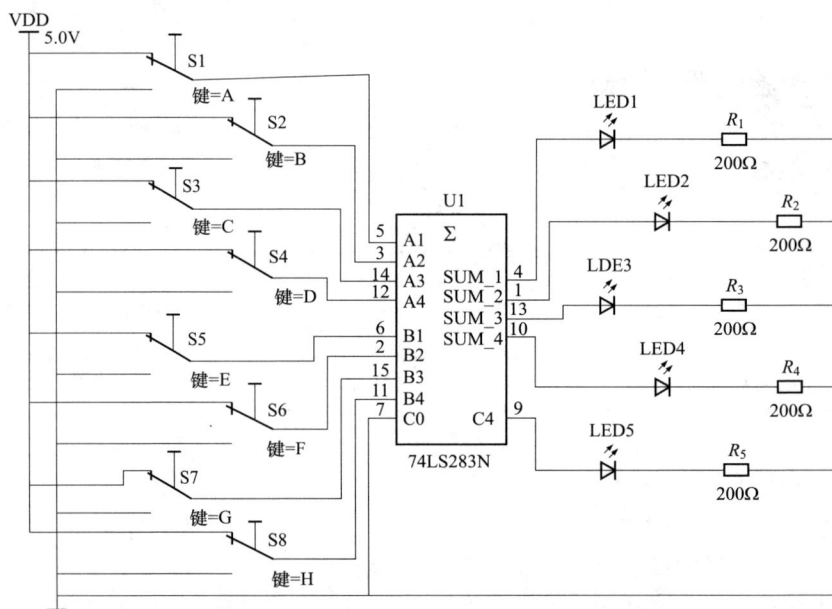

图 6-54　4 位加法器电路

（2）完成表 6-15 中给出的几组相加运算结果。

表 6-15　　　　　　　　　　　　　　加法器功能的仿真测试

输　入　端							输　出　端		
A4　A3　A2　A1				B4　B3　B2　B1			C4　S4　S3　S2　S1		十进制数
0　　0　　0　　0				0　　0　　0　　0					
0　　0　　1　　0				0　　0　　1　　1					

输　入　端								输　出　端
0	1	0	1	0	1	0	1	
0	0	1	1	1	1	0	0	
1	0	1	0	0	1	0	1	
1	1	1	1	1	1	1	1	

3. 译码器电路的仿真测试

（1）分析图 6-55 所示由 74LS138D、与非门（图中采用美国标准）及指示灯组成的译码器实验电路的逻辑功能，并在 Multisim 环境下创建电路。

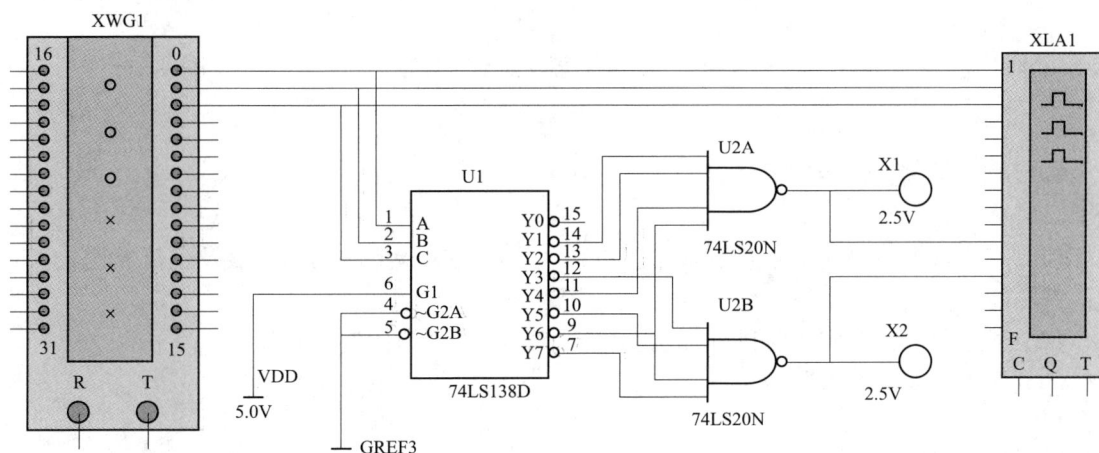

图 6-55　译码器实验电路

（2）双击操作对话框中的字发生器，打开其仪器面板，设置字符信号的输出内容及方式：十六进制下将前 8 组信号的最后一位分别设置为 0~7，然后右击第 8 组字符的最左端位置，将其设置为最终位置；字符信号的输出方式设置为"循环"；触发方式选为内部上升沿；频率选为 10Hz。

（3）双击操作对话框中的逻辑分析仪，打开其操作对话框，对输入逻辑信号的显示方式进行设置：时钟设置里，"时钟源"设置为内部，"时钟频率"设置为 10Hz；触发设置为"正"（上升沿）。

（4）开始仿真，记录逻辑分析仪所显示电路的时序波形。

（5）根据时序波形图列出电路的状态表，写出逻辑表达式，说明电路的逻辑功能。

4. 计数器功能的仿真测试

（1）在 Multisim 环境下，创建图 6-56 所示的由 74LS161N 构成的计数器功能测试电路。

（2）对电路进行仿真。在断开开关 S1 的情况下，观察七段数码管所显示的数字的变化，说明其功能；闭合开关 S1，记录七段数码管显示的数字；再次断开开关 S1，观察七段数码管所显示的数字的变化规律，说明此过程的功能。

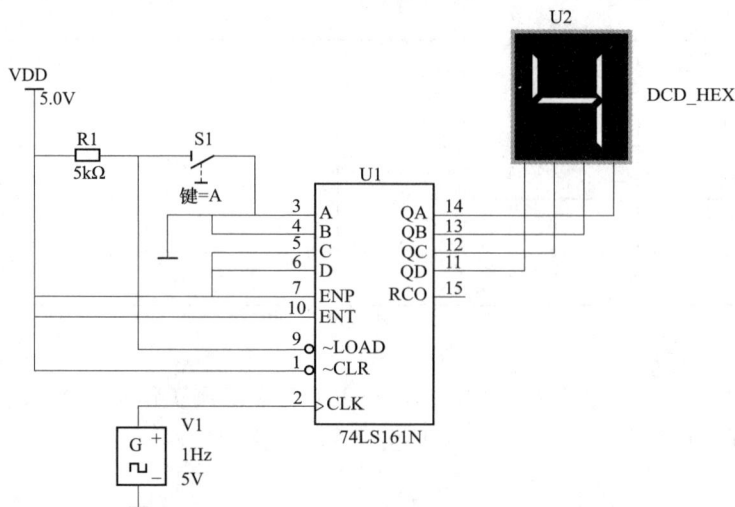

图 6-56　计数器功能测试电路

6.5.7　实验报告要求

（1）实验报告中要给出组合逻辑实验电路、译码器实验电路的状态表及逻辑表达式，并说明其功能。

（2）通过验证说明实验测试的加法器电路及计数器电路的逻辑功能。

（3）回答下面的思考题。

6.5.8　思考题

（1）若已知逻辑表达式，在 Multisim 仿真平台上要将其转化成逻辑电路应选择哪种仪器？简述该仪器的各项功能。

（2）Multisim 仿真软件中的逻辑分析仪具有什么功能？

6.6　温度监测报警及控制系统

6.6.1　实验目的

（1）利用已有知识，学习模拟电子技术应用电路的分析和设计方法。

（2）认识温度监测报警及控制电路的功能和设计原理。

（3）进一步熟悉利用 NI Multisim 14.0 仿真软件对电路进行创建和仿真分析的方法和过程。

6.6.2　预习要求

（1）复习电路仿真工具 NI Multisim 14.0 的使用方法。
（2）复习集成运算放大器的线性应用及非线性应用。
（3）理解温度监测报警及控制系统的工作原理。

6.6.3　实验原理与说明

在实际工程中，经常需要对环境温度实施监测报警，如对火灾等危险情况的监测报警；还要对加温电气设备的温度进行控制，如对电热壶、电饭煲、热水器、供热锅炉等的温度控制。温度监测报警及控制系统可由传感器、信号预处理电路和人机界面等组成，也可以全部由硬件电路实现，其核心部分是电压比较器。

1. 温度监测报警系统硬件电路

温度监测报警系统硬件电路可由测温电桥、温度信号放大电路、信号比较电路及声光报警驱动电路几个部分构成。测温电桥的监测信号（电压信号）经放大器放大后输入电压比较器，经过电压比较器与设定电压值的比较，输出给声光报警驱动电路，温度达到报警量值时发出声光报警信号。

（1）测温电桥。测温电桥如图 6-57 所示，由 R_{11}、R_{12}、R_{13}、R_t 构成。其中，R_t 是热敏电阻（温度传感器），其阻值随温度的升高线性减小，在仿真电路中，热敏电阻用可调电阻代替。当电桥平衡，即 $R_{11}R_t = R_{12}R_{13}$ 时，a、b 端输出电压为零。由于 R_t 的阻值会随温度的变化而改变，a、b 端电压不为零，此电压信号比较小，需加到后面的温度信号放大电路输入端进行放大。

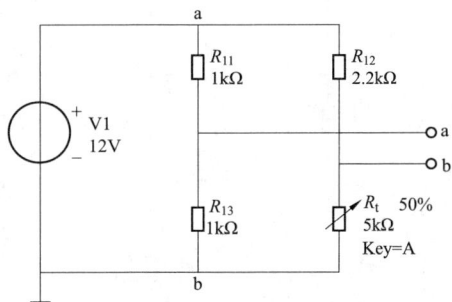

图 6-57　仿真电路中的测温电桥

（2）温度信号放大及比较电路。温度信号的放大可由集成运算放大器构成的差分放大电路（减法电路）来完成，信号放大后的比较电路可由运算放大器构成的电压比较器来实现，参见图 6-58 中所示。

要求当温度在规定值范围内时，电压比较器输出低电平，而当温度超过规定值时，电压比较器输出高电平。

（3）声光报警驱动电路。仿真实验中，电压比较器输出高电平而声光报警时，利用比较器的输出驱动发光二极管做发光指示，再通过晶体管驱动蜂鸣器发出声响指示。蜂鸣器仿真时，需打开电脑的音响设备。

实验用温度监测报警系统完整的硬件电路如图 6-58 所示。

2. 温度控制系统硬件电路

温度控制系统的主要工作原理及一些主要组成环节与温度监测报警系统相类似。实际中，根据对温度控制系统的不同要求，电路控制环节略有不同。

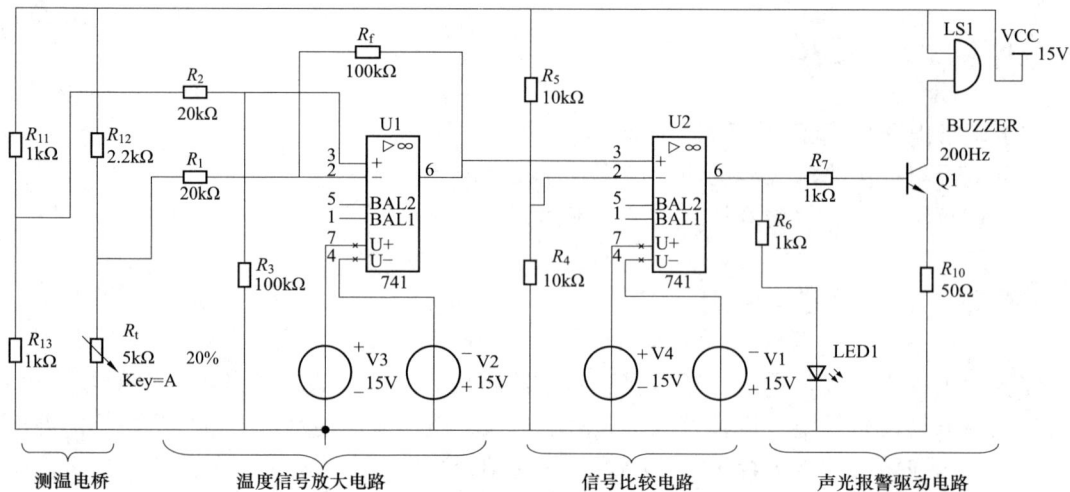

图 6-58　实验用温度监测报警系统硬件电路

实验用温度控制系统的硬件电路如图 6-59 所示，用于实现加温电器设备的温度被加热到某一值后的恒温控制。其组成部分包括测温电桥、温度信号放大电路、恒温预置电路、信

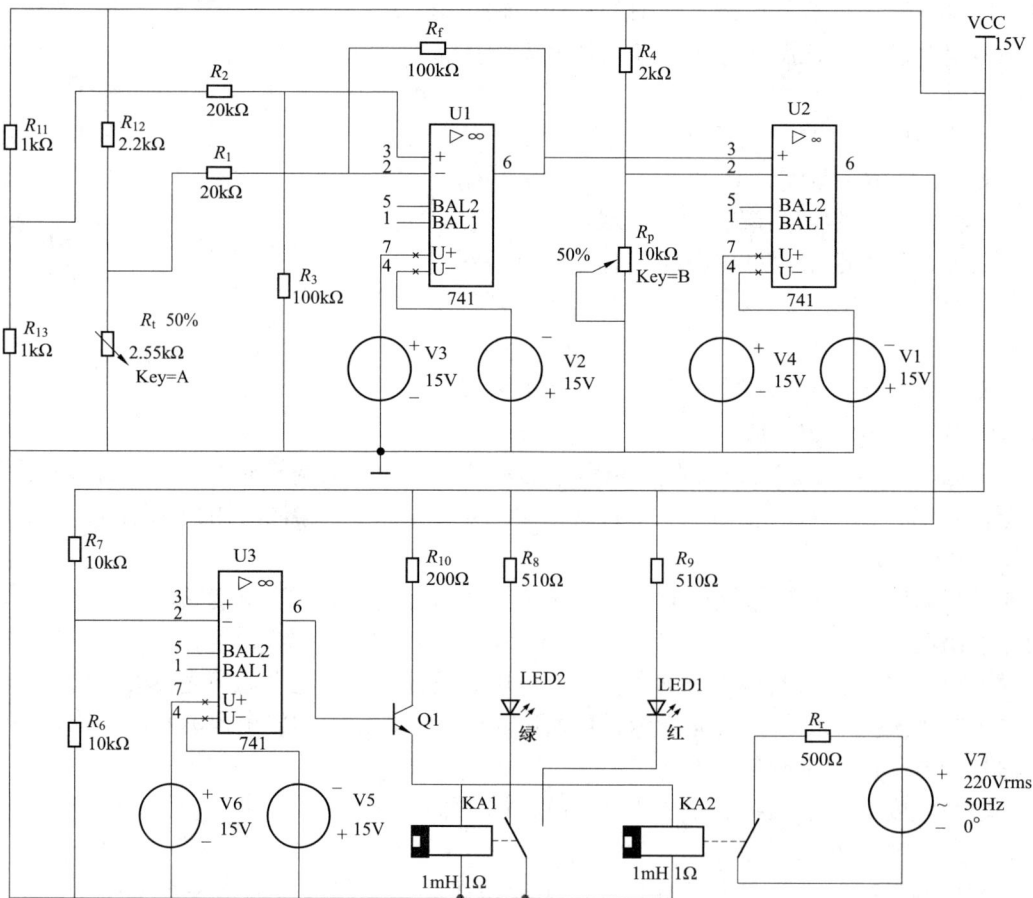

图 6-59　实验用温度控制系统硬件电路

号比较电路、继电器驱动电路、显示电路及加热电路。与温度监测报警系统不同的是，增加了恒温预置电路，用显示电路取代声光报警驱动电路，同时增加了继电器驱动的加热电路。恒温预置电路可通过改变电位器 R_P 的阻值对欲维持的恒温值进行预设，继电器驱动的加热电路在温度低于预置值时开始加热，高于预置值时停止加热，处于保温状态。采用电热丝进行加热，仿真实验中将其等效为一个电阻 R_r。

　　若利用运算放大器构成的滞回电压比较器取代图 6-59 中的恒温预置电路及信号比较电路，可由恒温控制变为将温度限定在一定范围内的控制，如温度高于某一值，停止加热；温度低于另一较低值，开始加热。滞回电压比较器的参考电位可利用电位器设定，以改变上、下限温度。此内容可在恒温控制系统硬件电路的基础上自行设计。

6.6.4　实验仪器及设备

　　实验仪器及设备见表 6-16。

表 6-16　　　　　　　　　　　　　实 验 仪 器 及 设 备

名　　称	型号或使用参数	数　　量
个人计算机	联想启天	1 台
电路仿真软件	NI Multisim 14.0	1 套

6.6.5　注意事项

　　（1）实验中，对照仿真电路图仔细连线，避免接错。
　　（2）实验验证时，减小 R_t 代表温度升高，增减 R_P 可改变温度预置值。

6.6.6　实验内容与步骤

　　1. 温度监测报警系统的仿真
　　（1）在 Multisim 环境下创建图 6-51 所示的温度监测报警系统硬件电路。
　　（2）仿真运行。模仿环境温度的升高，使 R_t 阻值由大到小逐渐变化，观察发光二极管及蜂鸣器状态的变化，当发光二极管发光且蜂鸣器响时，记录 R_t 的阻值。
　　（3）继续减小 R_t 的阻值，观察发光二极管及蜂鸣器的状态是否变化。
　　2. 恒温控制系统的仿真
　　（1）将上一实验电路改造成图 6-52 所示的温度控制系统硬件电路。
　　（2）仿真运行。在 R_P 为总值的 50% 的情况下，模仿环境温度的升高，使 R_t 阻值由大到小逐渐变化，观察继电器触点及两只发光二极管状态的变化，当发光二极管 LED1 发出红光时，记录 R_t 的阻值。
　　（3）调节 R_P，分别使其为总值的 80% 和 20% 的两种情况下，模仿环境温度的变化，观察继电器触点及两只发光二极管状态的变化，当发光二极管 LED1 发出红光时，记录相应 R_t

的阻值。

*3. 温差控制系统的仿真

（1）在温度控制系统硬件电路的基础上，利用滞回电压比较器将其设计成温度限定在一定范围内的温差控制系统。

（2）完成电路创建，并仿真运行。

（3）给出上、下限温度对应的 R_t 的阻值及变化范围。

（4）在滞回电压比较器参考电位的设定电路中接入电位器，改变电位器的阻值，观测 R_t 的阻值及变化范围。

6.6.7　实验报告要求

（1）实验报告中要说明温度监测报警系统及温度控制系统硬件电路的组成。

（2）给出温度监测报警系统报警温度对应的 R_t 的阻值，以及温度控制系统对应不同温度预设值的 R_t 的阻值。

（3）回答下面的思考题。

6.6.8　思考题

（1）说明温度监测报警系统与温度控制系统硬件电路的相同之处。

（2）在两个系统中电压比较器的作用是什么？

6.7　数字电子钟的设计

6.7.1　实验目的

（1）进一步学习数字电子技术应用电路的分析和设计方法。

（2）认识数字电子钟电路的组成和设计原理。

（3）进一步熟悉利用 NI Multisim 14.0 仿真软件对电路进行创建和仿真分析的方法和过程。

6.7.2　预习要求

（1）复习电路仿真工具 NI Multisim 14.0 的使用方法。

（2）复习时序逻辑电路的分析及设计方法。

（3）熟悉常用集成时序逻辑部件各管脚的功能及使用方法。

（4）理解数字电子钟各组成环节的工作原理。

6.7.3　实验原理与说明

数字电子钟常用作独立的或电器设备上的时间显示装置，是由数字集成电路构成、用数码管显示的一种数字化钟表。数字电子钟的基本功能是准确地显示时、分及秒的时间信息，而完整地显示时、分及秒的时间信息需要 6 个数码管，要分别实现时、分及秒的计时，需要 1 个二十四（或十二）进制计数器和 2 个六十进制计数器，并且需要时钟脉冲发生电路提供时钟计数脉冲，秒脉冲频率为 1Hz，分脉冲频率为 1/60Hz。要实现校时功能，需要分别针对时、分或秒的校时电路进行。所以，数字电子钟电路一般由数码显示器、六十进制和二十四（或十二）进制计数器、时钟脉冲发生电路和校时电路等部分组成。本节仿真图中的元器件符号采用了美国标准。

1. 数码显示器

在 NI Multisim 14.0 的仿真元器件中，数码管分为需要译码显示和直接显示（内部含译码电路）两种。需要译码显示的数码管有共阳极（低电平有效）和共阴极（高电平有效）之分。直接显示数码管的高电平有效。实验中，为简便采用，直接显示数码，如图 6-60 所示。

图 6-60　直接显示数码管

2. 分、秒、时计数器

分、秒、时计数器是数字电子钟最基本的组成部分，也是其核心部分，可由通用集成计数器实现。实验中，利用集成 4 位同步二进制（十六进制）计数器 74LS161 来实现。

（1）分、秒六十进制计数器。分、秒计数需要的六十进制计数器可通过十进制计数器（低位）和六进制计数器（高位）串联而成。利用 74LS161 通过反馈置数法构成的六十进制计数器仿真电路如图 6-61 所示，图中 74LS00 为 2 输入与非门。低位十进制计数器每当计数到十时归零，同时为高位六进制计数器提供一个计数脉冲，当高位六进制计数器得到第六个计数脉冲时归零。

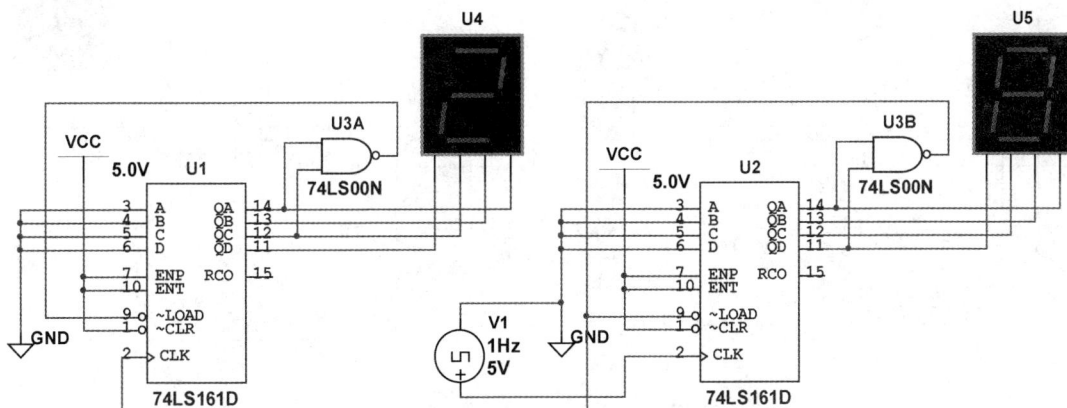

图 6-61　六十进制计数器仿真电路

因为数字电子钟各单元电路构成的整体电路较大、较复杂，所以可把六十进制计数器做成子电路。选择"绘制"菜单中的"新建支电路"命令，出现子电路名称编辑窗口，输入名称（如"60"），单击"确定"按钮，电路编辑窗口中出现一个方框。双击方框或单击方框内左上角出现的图标，即可打开子电路的编辑窗口编辑子电路，也可把设计好的电路剪切或复制到子电路的编辑窗口中。把子电路需要与外界连接的管脚引出来，以便与主电路进行连接，方法是选择"绘制"菜单中的"连接器"命令，如果引出的是输入管脚，则选择 Input Connector；如果引出的是输出管脚，则选择 Output Connector。

根据需要设计的六十进制计数器子电路如图 6-62 所示，图中去掉了数码管及时钟脉冲源。

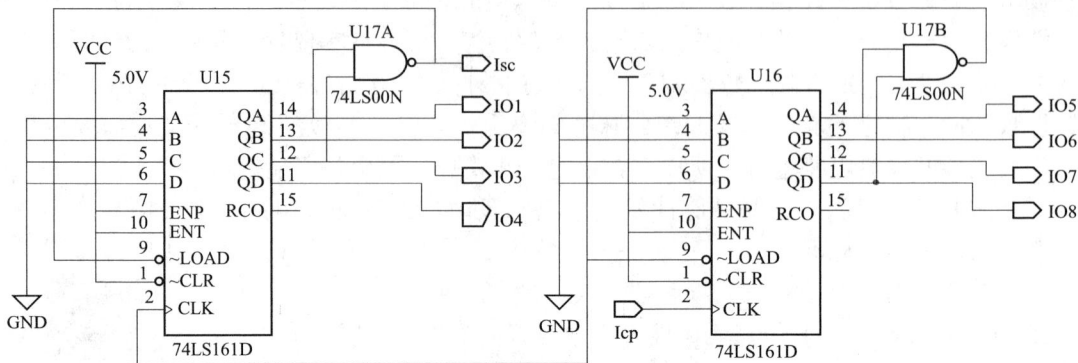

图 6-62　六十进制计数器子电路

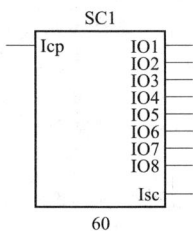

图 6-63　子电路符号

编辑好子电路后，在主电路窗口中的子电路符号如图 6-63 所示。

（2）小时二十四进制计数器。利用 74LS161 通过反馈置数法构成的二十四进制计数器如图 6-64 所示，图中 74LS04 为非门、74LS20 为 4 输入**与非门**、74LS02 为 2 输入**或非门**。低位仍是十进制计数器，当高、低位计数到"23"时，再来一个计数脉冲，则高、低位同时归零。小时二十四进制计数器的子电路的设计方法与六十进制计数器相同。

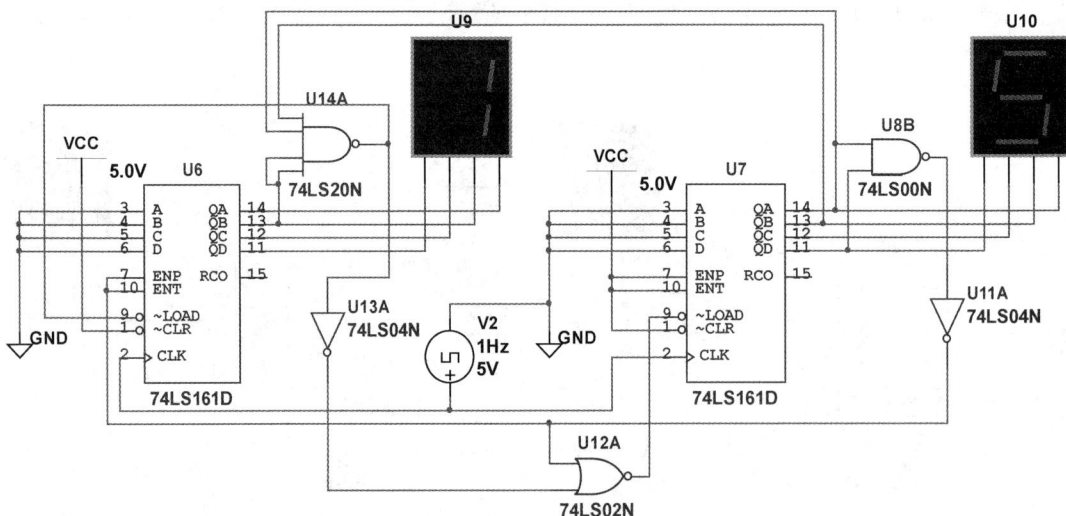

图 6-64　二十四进制计数器仿真电路

3. 时钟脉冲发生电路

时钟脉冲发生电路用于产生标准的时钟脉冲，可由石英晶体振荡器（晶振）及分频器组成，也可由 555 定时器构成的多谐振荡器及分频器组成，有时可以使用现成的脉冲源。由于时、分的变化观测较为费时，为实验结果观测的方便，实验中直接采用仿真软件中提供的脉冲源，这样，观测时、分的变化时可通过直接改变（增大）脉冲源的频率参数，使时、分的变化加快，以缩短观测时间。

4. 校时电路

校时就是设定数字电子钟初始的准确时间。校时电路要求能够切换计时功能和校时功能，切换倒计时功能时，输出计时脉冲，时钟进行正常计时；切换到校时功能时，输出校时脉冲，数字钟的时、分电路在校时脉冲的作用下进行校时。

校时电路如图 6-65 所示，图中电阻 R_1 及 R_2 为限流电阻，74LS08 为与门、74LS32 为或门。未按下按钮按键时，位置 1 为低电平、位置 2 为高电平，电路输出计时脉冲；按下按钮按键时，位置 2 为低电平、位置 1 为高电平，电路输出校时脉冲。仿真图中，鼠标指针指向按钮按键，按键会变粗，按下鼠标左键，按钮动作；释放鼠标左键，按钮复位。校时脉冲一般采用频率为 1Hz 的秒脉冲。

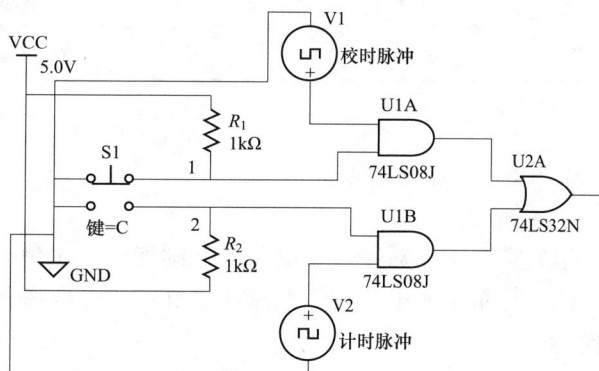

图 6-65　校时电路

5. 数字电子钟系统电路

组成数字电子钟的各单元电路设计完成后，将各单元电路或子电路按照数字钟的功能要求连接在一起，便可以构成完整的数字电子钟的系统电路。实验中要求设计的时、分显示数字电子钟的仿真电路如图 6-66 所示。

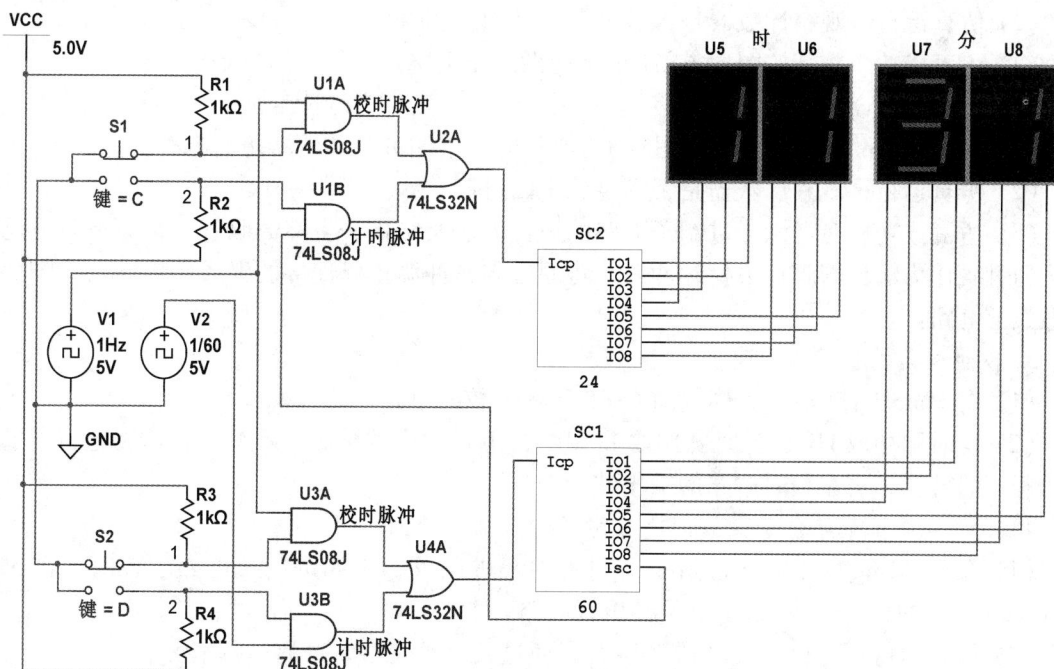

图 6-66　时、分显示数字电子钟仿真电路

6.7.4 实验仪器及设备

实验仪器及设备见表6-17。

表 6-17   实 验 仪 器 及 设 备

名　　称	型号或使用参数	数　　量
个人计算机	联想启天	1 台
电路仿真软件	NI Multisim 14.0	1 套

6.7.5 注意事项

（1）实验中，对照仿真电路图仔细连线，避免接错。

（2）每个单元电路或子电路连接好后，先要进行单独验证，以免总电路出现问题而不便查找。

（3）本节实验电路图中的元器件符号采用了美国标准，需要能够识别。

6.7.6 实验内容与步骤

1. 六十进制计数器的创建与仿真

（1）在 Multisim 环境下，创建图 6-61 所示的六十进制计数器仿真电路。

（2）仿真运行，观察计数器是否满足六十进制。

（3）仿真成功，将其按图 6-62 所示结构做成子电路。

2. 二十四进制计数器的创建与仿真

（1）在 Multisim 环境下，创建图 6-64 所示的二十四进制计数器仿真电路。

（2）仿真运行，观察计数器是否满足二十四进制。

（3）仿真成功，参考六十进制子电路的设计方法及结构，去掉数码管，将原来与数码管连接的引线作为输出管脚；去掉脉冲源，将原来与脉冲源正极连接的引线作为输入管脚，将其做成子电路。

3. 校时电路的创建与仿真

（1）在 Multisim 环境下，创建图 6-65 所示的校时电路。

（2）校时脉冲取 1Hz，计时脉冲取 1/60Hz，电路输出端接虚拟示波器，仿真运行，通过按钮开关的转换，观察校时电路的输出波形。

4. 时、分显示数字电子钟的创建与仿真

（1）在 Multisim 的主操作窗口中，利用六十进制及二十四进制子电路、校时电路创建图 6-66 所示的时、分显示数字电子钟仿真电路。

（2）仿真运行。将时间校时到 23∶59，通过几分钟观察时钟的运行情况。

（3）由于时、分数字钟显示变化较费时，将时钟脉冲源 V2 的频率由 1/60Hz 改为 1Hz，通过快速显示，观察时钟的时、分运行变化情况。

6.7.7　实验报告要求

（1）实验报告中要说明数字电子钟系统硬件电路的组成及工作原理。

（2）绘出各单元电路，说明仿真结果。

（3）回答下面的思考题。

6.7.8　思考题

（1）六十进制计数器是如何对二十四进制计数器进行进位的？

（2）校时脉冲的频率与分计时脉冲及时计时脉冲频率的大小关系是什么？

（3）子电路如何与主电路进行连接？

附录 A 常用分立元器件的相关知识

A.1 电阻器

电阻器是电子产品中使用最多的电子元件，常用的电阻有碳膜电阻、金属膜电阻、金属氧化膜电阻、实心电阻和绕线电阻。电阻在电路中的主要作用为分流、限流、分压等。

1. 型号命名方法

以图 A-1 所示型号的电阻器为例对电阻器的型号命名加以说明。

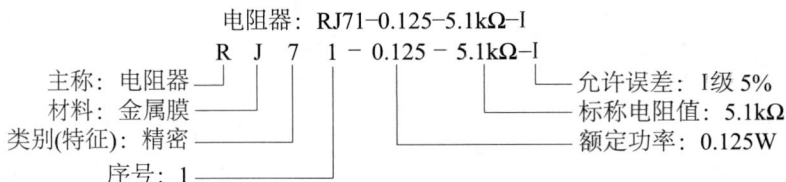

电阻器：RJ71-0.125-5.1kΩ-I

R J 7 1 - 0.125 - 5.1kΩ-I

主称：电阻器
材料：金属膜
类别(特征)：精密
序号：1

允许误差：I级 5%
标称电阻值：5.1kΩ
额定功率：0.125W

图 A-1 电阻器的型号命名

第一部分：主称，R 表示电阻器，W 表示电位器。

第二部分：材料，T 表示碳膜，H 表示合成膜，S 表示有机实心，N 表示无机实心，J 表示金属膜，Y 表示金属氧化膜，C 表示化学沉积膜，I 表示玻璃铀膜，X 表示线绕。

第三部分：类别（特征），1 表示普通，2 表示普通，3 表示超高频，4 表示高阻，5 表示高阻，6、7 表示精密，8 表示高压，9 表示特殊，G 表示高功率，W 表示微调，T 表示可调，D 表示多圈。

第四部分：序号。

2. 主要性能参数

（1）标称电阻及允许误差。标志在电阻器上的电阻值称为标称值，单位为欧姆（Ω），倍率单位有千欧（kΩ）、兆欧（MΩ）等。允许误差即实际值与标称值之间的差别。电阻器常见的标称值系列有 E6、E12、E24 等，分别对应允许误差±20%（Ⅲ级）、±10%（Ⅱ级）、±5%（Ⅰ级）。允许误差为±2%、±1%、±0.5%（E48、E96、E192 系列）的电阻为精密电阻。

（2）电阻器的额定功率。常用的额定功率有 1/8、1/4、1/2、1、2、4、8 W 等。电阻器在选用时应留有余量，一般选用额定功率比实际耗散功率大 1 倍的电阻器。

3. 参数标注方法

电阻的参数标注方法有 3 种，即直标法、数标法和色环标注法。

（1）直标法。直标法是将阻值和误差用数字或字母代号直接标在电阻体上，如在电阻体上标阻值 5k1（即 5.1kΩ）、5Ω1（即 5.1Ω）等（这种阻值标法规定，阻值的整数部分标在阻值单位标志符号的前面，阻值的小数部分标在单位标志符号的后面）。

（2）数标法。数标法主要用于贴片等小体积的电路，如 472 表示 $47 \times 100\Omega$（即 4.7kΩ），104 则表示 $10 \times 10\ 000\Omega$（即 100kΩ）。

（3）色环标注法。色环标注法是用不同颜色的色环来表示电阻器的阻值及误差等级。常用的有四色环标注法和五色环标注法，如图 A-2 所示。

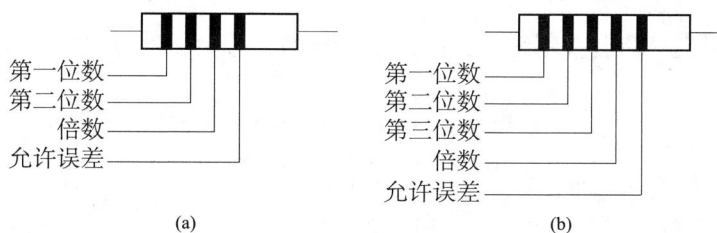

图 A-2   色环电阻识别
（a）四色环电阻；（b）五色环电阻

四色环电阻的识别方法：印在金属帽上的第一道色环表示电阻值有效数字位的高位，第二道色环表示有效数字位的低位，第三道色环表示倍乘数（即低位后面零的个数），第四道色环表示允许误差。当电阻为四环时，最后一环必为金色或银色。

五色环电阻的识别方法：第一道色环代表高位的第一个有效数字，第二道色环代表高位的第二个有效数字，第三道色环代表高位的第三个有效数字，第四道色环代表前三个有效数字的倍乘数，第五道色环代表允许误差。一般用棕色表示误差±1%。五色环电阻一般是金属膜电阻，是精密电阻。

色环电阻的颜色、数值对照见表 A-1。

表 A-1　　　　　　　　　　　色环电阻的颜色、数值对照

棕	红	橙	黄	绿	蓝	紫	灰	白	黑	金	银	无色
1	2	3	4	5	6	7	8	9	0	0.05	0.1	0.2

例如，四环为红、橙、黄、金，表示阻值为 $23 \times 10^4 = 230\ 000\Omega = 230$kΩ，允许误差为 ±5%；四环为红、紫、银、金，表示阻值为 $27 \times 0.1 = 2.7\Omega$，允许误差为±5%；四环为红、红、黑、金，表示阻值为 22Ω，第三环黑色表示"0 个零"，也就是表示数字后面不添加 0，允许误差为±5%。

再如，五环为红、黑、黑、橙、棕，表示阻值为 $200 \times 10^3\Omega = 200$kΩ，允许误差为±1%；五环为绿、棕、黑、银、棕，则表示阻值为 $510 \times 0.1\Omega = 51\Omega$，允许误差为±1%。

A.2   电容器

电容在电路中一般用"C"加数字表示（如 C13 表示编号为 13 的电容）。电容容量的大小就是表示能储存电能的大小。电容的基本单位用法拉（F）表示，其他单位还有毫法（mF）、微法（μF）、纳法（nF）、皮法（pF）。其中：$1F = 10^3 mF = 10^6 \mu F = 10^9 nF = 10^{12} pF$。

1. 电容器的分类

电容器的种类有很多，按结构可分为固定电容、可变电容、微调电容，按介质材料可分

为气体介质电容，液体介质电容、无机固体介质电容、有机固体介质电容、电解电容，按极性分为有极性电容和无极性电容。最常见到的就是电解电容。电容器从原理上分为无极性可变电容、无极性固定电容、有极性电容等，从材料上可以分为 CBB 电容（聚乙烯）、涤纶电容、瓷片电容、云母电容、独石电容、电解电容、钽电容等。

2. 电容器的型号命名方法

各国电容器的型号命名很不统一，国产电容器的型号由 4 部分组成，如图 A-3 所示。

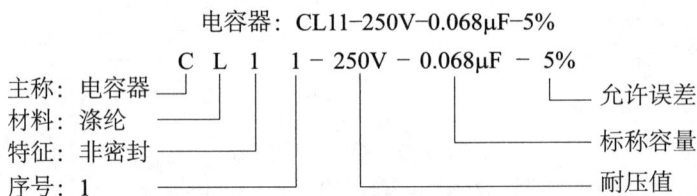

电容器：CL11-250V-0.068μF-5%

C L 1 1 - 250V - 0.068μF - 5%

主称：电容器
材料：涤纶
特征：非密封
序号：1

允许误差
标称容量
耐压值

图 A-3 电容器的型号命名

第一部分：用字母表示名称。

第二部分：用字母表示材料。

第三部分：用数字表示分类。

第四部分：用数字表示序号。

由于电容器采用的材料及分类很多，此处不再做详细说明。

3. 电容器的主要性能参数

（1）容量与误差：实际电容量和标称电容量允许的最大偏差范围。精密电容器的允许误差较小，而电解电容器的误差较大，它们采用不同的误差等级。

（2）额定工作电压：电容器在电路中能够长期稳定、可靠的工作所承受的最大直流电压。

（3）温度系数：在一定温度范围内，温度每变化 $1℃$，电容量的相对变化值。

（4）绝缘电阻：用来表明漏电大小的。相对而言，绝缘电阻越大越好，绝缘电阻越大，漏电越小。

（5）损耗：在电场的作用下，电容器在单位时间内发热而消耗的能量。

4. 电容的参数标注方法

电容的识别方法与电阻的识别方法基本相同，分直标法、数标法和色环标注法 3 种。

（1）直标法。用字母和数字把型号、规格直接标在外壳上。容量大的电容的容量值在外壳上直接标明，如 $10μF/16V$；容量小的电容的容量值在外壳上用字母表示或数字表示，如 $1p2=1.2pF$，$1n=1000pF$，如果数字是 0.001，那它代表的是 $0.001μF=1nF$。这里要注意的是单位，凡用整数表示的，单位默认为 pF；凡用小数表示的，单位默认为 μF。

（2）数标法。用数字、文字符号有规律的组合来表示容量。一般用三位数字表示容量大小，前两位表示有效数字，第三位数字是倍率。例如，102 表示 $10×10^2pF=1000pF$，224 表示 $22×10^4pF=0.22μF$。

（3）色环标注法。用三种颜色环表示电容量大小，顺序为沿着引线方向自上而下排列。其颜色代表的数值与色环电阻相同。第一、二道色环颜色表示电容的两位有效数字，第三道色环颜色表示有效数字的倍乘数，电容的单位规定用 pF。如，黄、紫、橙表示 47 000pF =

0.047μF，棕、黑、橙表示 10 000pF＝0.01μF 等。

（4）电容容量误差表。符号 F、G、J、K、L、M 分别表示允许误差±1%、±2%、±5%、±10%、±15%、±20%，如一瓷片电容为 104J 表示容量为 0.1μF、误差为±5%。

（5）电容的符号。电容的符号如图 A-4 所示。注意极性电容，是普通电容加一个"+"符号代表正极。

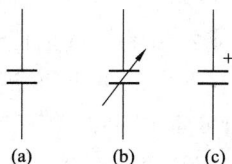

图 A-4　电容器的符号表示
（a）普通电容；（b）可变电容；（c）电解电容

（6）电容的识别。看其上面的标称，一般有标出容量和正负极，也有用管脚长短来区别正负极的，长脚为正，短脚为负。

各类电容特性见表 A-2。

表 A-2　　　　　　　　　　　　　　各 类 电 容 特 性

名称	铝电解电容	钽电解电容	有机膜电容	瓷介质电容	独石电容	可变电容
主要特性	容量范围大，介质损耗和容量误差大，耐高温性能差，有极性之分	容量较大，介质损耗小，耐压不高，特性比铝电解电容好，有极性之分，漏电小，售价高	该类电容的膜的种类较多，如涤纶膜、聚丙烯膜、聚苯乙烯膜等。介质损耗小，漏电小，容量范围不大，售价与容量大小和耐压有关	容量范围不大，介质损耗小，容量误差较大，容量 50pF 以下，有温度补偿作用，售价低	由陶瓷叠片切割而成。体积与容量之比小，介质损耗小，容量误差较大，品质因数 Q 值高，工作电压不高	有空气、云母薄片以及乙烯膜做介质的可变电容器。容量范围小，介质损耗小，此外尚有容量范围更小的微调电容
主要用途	用于电源滤波和低频电路	用于低频电路和时间常数电路	用于信号耦合、旁路作用、定时电路等	用于高频信号旁路和耦合，微分电路，中和	用于信号耦合、信号旁路、有源滤波等用	高频调谐，在高频电路中用作分布电容的调整

5. 用万用表判断电容器的质量

（1）电容器好坏的判别。视电解电容器容量的大小，通常选用万用表的 $R×10Ω$、$R×100Ω$、$R×1kΩ$ 挡对电容器的好坏进行测试、判断。红、黑表笔分别接电容器的正、负极（每次测试前，需将电容器放电），由表针的偏摆情况来判断电容器的质量。如果表针迅速向右摆起，然后慢慢向左退回原位，一般来说电容器是好的；如果表针摆起后不再回转，说明电容器已击穿；如果表针摆起后逐渐退回到某一位置停留不动，则说明电容器已经漏电；

如果表针摆不起来，说明电容器的电解质已经干涸，电容器已经失去容量。

（2）电容器漏电的判别。有些漏电的电容器用上述方法不易准确判断出好坏。当电容器的耐压值大于万用表内电池的电压值时，根据电解电容器正向充电时漏电电流小，反向充电时漏电电流大的特点，可采用 $R\times10k\Omega$ 挡对电容器进行反向充电，观察表针停留处是否稳定（即反向漏电电流是否恒定），由此判断电容器的质量，准确度较高。黑表笔接电容器的负极，红表笔接电容器的正极，表针迅速摆起，然后逐渐退至某处停留不动，则说明电容器是好的，凡是表针在某一位置停留不稳或停留后又逐渐慢慢向右移动的电容器，已经漏电，不能继续使用了。表针一般停留并稳定在 $50\sim200k$ 刻度范围内。

（3）电容器容量的判别。对于 5000pF 以上的电容器，将万用表拨至最高电阻挡，表笔接触电容器两极，表头指针应先偏转，后逐渐复原。将两表笔对调后再测量，表头指针又偏转，且偏转得更快，幅度更大，尔后又逐渐复原，这就是电容充、放电的情况。

电容器容量越大，表头指针偏转越大，复原速度越慢。若在最高电阻挡下表针都不偏转，说明电容器内部断路了。

（4）电解电容器极性的判别。电解电容器正接时漏电小、反接时漏电大。据此，用万用表正、反两次测量其漏电阻值，漏电阻值大（即漏电小）的一次中，黑表笔所接触的是正极。

A.3　电感器

电感器在电路中常用"L"加数字表示，如 L6 表示编号为 6 的电感。选择电感器的主要参数是电感量、品质因数、分布电容和稳定性。一般电感量越大，抑制电流变化的能力越强；品质因数越高，线圈工作时的损耗越小。

电感器的分布电容是线圈的匝间及层间绝缘介质形成的，工作频率越高，分布电容的作用越显著，电感器参数受温度的影响越小，电感器的稳定性越高。

电感线圈是将绝缘的导线在绝缘的骨架上绕一定的圈数制成。为了判断电感线圈的好坏，可用万用表欧姆挡测其直流阻值，若阻值过大甚至为∞，则为线圈断线；若阻值很小，则为严重短路。不过，内部局部短路一般难以测出。

电感参数标注方法一般有直标法和色环标注法，色环标注法与电阻类似，如棕、黑、银、金表示 $1\mu H$、误差±5%的电感。电感的基本单位为 H（亨利），换算公式有 $1H=10^3mH=10^6\mu H$。

A.4　半导体二极管

半导体二极管在电路中常用"D"加数字表示，如 D5 表示编号为 5 的二极管。稳压二极管在电路中常用"ZD"加数字表示，如 ZD5 表示编号为 5 的稳压二极管。常用的半导体二极管有 1N4000（日本半导体命名方法）等系列的二极管。

1. 型号命名方法

国产半导体二极管的型号命名如图 A-5 所示。

第一部分：主称。2 代表二极管，3 代表三极管（晶体管）。

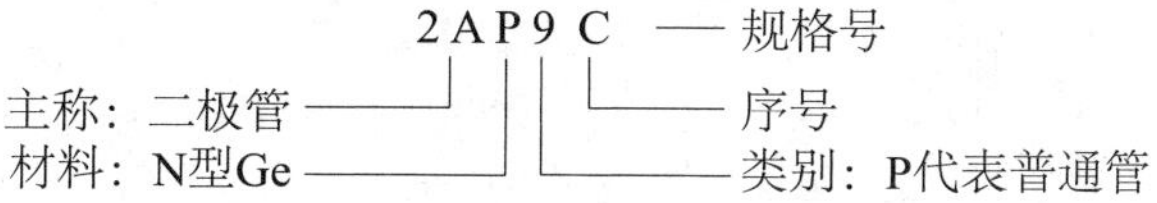

2AP9C —— 规格号

主称：二极管 —— 序号

材料：N型Ge —— 类别：P代表普通管

图 A-5　半导体二极管的型号命名

第二部分：材料。用字母代表器件的材料，A 代表 N 型 Ge，B 代表 P 型 Ge，C 代表 N 型 Si，D 代表 P 型 Si。

第三部分：类别（特征），用字母代表器件的类别，P 代表普通管，W 代表稳压管，L 代表整流堆，N 代表阻尼管，Z 代表整流管，U 代表光电管，K 代表开关管，B 或 C 代表变容管，V 代表混频检波管，JD 代表激光管，S 代表隧道管，CM 代表磁敏管，H 代表恒流管，Y 代表体效应管，EF 代表发电二极管。

第四部分：序号。用数字表示，以区别产品的外形尺寸和性能指标等。

第五部分：规格号。反映二极管、三极管承受反向击穿电压的高低，用 A、B、C、D 等字母表示。A 承受反向击穿电压最高，B 其次，依此类推。

2. 类型

半导体二极管的类型，按材料分，有硅二极管、锗二极管和砷化镓二极管等；按结构分，根据 PN 结面积大小，有点接触型、面接触型二极管；按用途分，有整流、稳压、开关、发光、光电、变容、阻尼等二极管；按封装形式分，有塑封及金属封等二极管；按功率分，有大功率、中功率及小功率等二极管。

3. 主要参数

半导体二极管的主要参数有最大整流电流 I_{OM}、反向工作峰值电压 U_{RM}、反向峰值电流 I_{RM}、直流电阻 R、最高工作频率 f_M 等。

4. 识别方法

半导体二极管的识别很简单，小功率二极管的 N 极（负极），在二极管外表大多采用一种色圈标出来，有些二极管也用二极管专用符号来表示 P 极（正极）或 N 极（负极），也有采用符号标志 P、N 来确定二极管极性的。发光二极管的正、负极可从管脚长短来识别，长脚为正，短脚为负。用数字式万用表去测二极管时，红表笔接二极管的正极，黑表笔接二极管的负极，此时测得的阻值才是二极管的正向导通阻值，这与指针式万用表的表笔接法刚好相反。

A.5　半导体晶体管

半导体晶体管在电路中常用"T"加数字表示，如 T17 表示编号为 17 的晶体管。PNP 型晶体管有 A92、9015 等型号，NPN 型晶体管有 A42、9014、9013、9012 等型号。

1. 型号命名方法

半导体晶体管的型号命名方法与二极管类似，如图 A-6 所示。

半导体三极管：3DG110B

第二位：A 表示锗 PNP 管，B 表示锗 NPN 管，C 表示硅 PNP 管，D 表示硅 NPN 管。

第三位：X 表示低频小功率管，D 表示低频大功率管，G 表示高频小功率管，A 表示高

```
3  D  G  110    B —— 用字母表示同一型号中的不同规格
                  —— 用数字表示同种器件型号的序号
                  —— 用字母表示器件的种类
                  —— 用字母表示材料
                  —— 晶体管
```

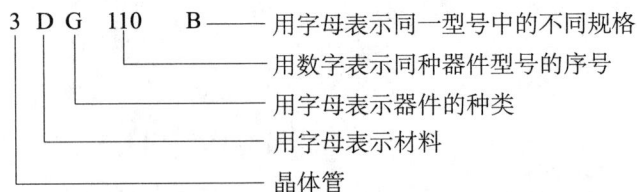

图 A-6 半导体晶体管的型号命名

频小功率管，K 表示开关管。

2. 类型

半导体三极管的类型，按其结构类型分为 NPN 管和 PNP 管，按其制作材料分为硅管和锗管，按其工作频率分为高频管和低频管。

3. 管脚的判别

晶体管的管脚可用万用表来判别。首先是找出管子的基极。方法如下：

（1）用万用表 $R\times100\Omega$ 或 $R\times1k\Omega$ 电阻挡，红表笔接触某一管脚，黑表笔接触另外两管脚，若电表读数都很小（几百欧），则与红表笔接触的那一管脚是基极，并可知此管为 PNP 型；若黑表笔接触某一管脚，红表笔分别接触另外两管脚，则当表头读数都很小（几百欧）时，与黑表笔接触的那一管脚是基极，并可知此管为 NPN 型。

（2）找出基极之后，再确定发射极与集电极。以 NPN 型管为例，假定其余两脚中的一个是集电极，并将黑表笔接到此脚，红表笔接假设的发射极，再把假设的集电极与已测出的基极捏在手中（但两脚不可相碰），记下此时的阻值读数。

（3）原假设的集电极设为发射极，而原发射极设为集电极，重复测试读数。两次读数中，电阻值较小（偏转角度较大）的那次假设是正确的，黑表笔接的一只管脚是集电极，剩下的一只是发射。若为 PNP 型管，则将表笔对调，再用上述方法判断。

4. 性能的鉴别

（1）穿透电流 I_{CEO} 的判断。用万用表 $R\times100\Omega$ 或 $R\times1k\Omega$ 电阻挡测量晶体管集射间的电阻（对 NPN 管，黑表笔接集电极，红表笔接发射极），此值越大，说明 I_{CEO} 越小。一般硅管的集射间电阻应大于数兆欧，锗管应大于数千欧。所测阻值为无穷大时，说明管子内部断线；所测阻值接近于零时，表明管子已被击穿。有时阻值不断地下降，说明管子性能不稳。

（2）电流放大系数 β 的估计。用万用表 $R\times100\Omega$ 或 $R\times1k\Omega$ 电阻挡测量管子集射间的电阻（对 NPN 管，黑表笔接集电极，红表笔接发射极），观察此时读数，然后用手指捏住基极与集电极（两极不可相碰），同时观察表针的摆动情况。表针摆动幅度越大，说明管子的 β 值越高。

若为 PNP 管，将表笔对调，再用上述方法判别。

A.6 晶闸管

（1）单向晶闸管管脚的判别。用万用表 $R\times10\Omega$ 挡测量管脚间的静态电阻，由于 R_{AK}、R_{KA}、R_{AG}、R_{GA} 及 R_{KG} 均应很大，只有 R_{GK} 较小，便可做出如下判断：若某两管脚间电阻较小，黑表笔所接的为控制极（G 极），红表笔所接的为阴极（K 极），剩余的为阳极（A 极）。

（2）双向晶闸管管脚的判别。用万用表 $R \times 1k\Omega$ 挡分别测量管脚间的正、反向电阻。若某两管脚间正、反向电阻很小（约 100Ω），则这两管脚为 A1 极和 G 极，余下的即为 A2 极。然后，假设 A1 极、G 极中的一个为 A1 极，用万用表 $R \times 10\Omega$ 挡，将两表笔（不分正负）分别接至假设的 A1 和已确定的 A2 上。然后，将 A2 与 G 相连并观察万用表的阻值。若阻值变小，说明此时晶闸管因触发而处于通态。此时把 G 断开（但 A2 仍保持与表笔相接），若电阻值仍小，即管子仍在通态。将两表笔对调，重复上述步骤，仍处于通态，则假设的 A1、G 正确。否则假设不成立。

附录 B 常用集成电路的相关知识

在半导体制造工艺的基础上，将整个电路中的元器件及其相互之间的连接集中制作在一块半导体芯片上，构成的具有特定功能的整体电子电路部件，称为集成电路。它打破了分立元件和分立电路的设计方法，实现了材料、元件和电路的统一。

集成电路具有体积小、质量小、引出线和焊接点少、寿命长、可靠性高、性能好等优点，同时成本低，便于大规模生产。它使电子技术进入了微电子学时代，促进了电子技术涉及的各科学技术领域的先进技术的发展，并得到了广泛应用。

B.1 集成电路的分类

集成电路又称为 IC，种类很多，一般可按功能、制作工艺、集成度、导电类型、外形、用途及应用领域等进行分类。

1. 按功能分类

按集成电路功能的不同，可以分为模拟集成电路、数字集成电路和数/模混合集成电路3大类。

模拟集成电路用来产生、放大和处理各种模拟电信号，按模拟电信号的处理方法的不同，可分为线性集成电路和非线性集成电路。

数字集成电路用来产生、放大和处理各种数字电信号，以完成相应的数字电信号的逻辑运算、存储、传输及转换。

数/模混合集成电路指输入、输出分别为模拟信号（数字信号）和数字信号（模拟信号）的集成电路，如各类 A/D、D/A 转换器。

2. 按制造工艺分类

集成电路按制作工艺可分为半导体集成电路、膜集成电路和混合集成电路。

半导体集成电路是采用半导体工艺技术，在半导体基片上制作包括电阻、电容、二极管、晶体管等可集成的元器件（电感不能集成）及其连线，使其具有某种电路功能。

膜集成电路是在玻璃或陶瓷片等绝缘材料上，以"膜"的形式制作电阻、电容等无源器件，其数值范围可以做得很宽，精度做的很高。目前很难用"膜"的形式制作晶体二极管及晶体管等有源器件，因而应用范围受到很大限制。膜集成电路又分为厚膜集成电路（膜厚 $1\sim10\mu m$）和薄膜集成电路（膜厚 $1\mu m$ 以下）。

混合集成电路是在无源膜电路上外加半导体集成电路或分立元件的二极管、晶体管等有源器件，使之构成一个整体。

3. 按集成度分类

集成电路按集成度高低的不同可分为小规模集成电路、中规模集成电路、大规模集成电路、超大规模集成电路、特大规模集成电路、巨大规模集成电路。其中，巨大规模集成电路也被称作极大规模集成电路或超特大规模集成电路。

对于模拟集成电路，由于工艺要求较高、电路较复杂，所以一般认为集成 50 个以下元器件的电路为小规模集成电路，集成 50~100 个元器件的电路为中规模集成电路，集成 100 个以上元器件的电路为大规模集成电路。

对于数字集成电路，一般认为集成 100 个以下元器件（或 10 个以内门电路）的电路为小规模集成电路，集成 100~1000 个元器件（或 10~100 个门电路）的电路为中规模集成电路，集成 1000~100 000 个元器件（或 100~10 000 个门电路）的电路为大规模集成电路，集成 100 000~10 000 000 个元器件（或 10 000~1 000 000 个门电路）的电路为超大规模集成电路，集成 10 000 000~100 000 000 个元器件（或 1 000 000~10 000 000 个门电路）的电路为特大规模集成电路，集成 100 000 000 个以上元器件（或 10 000 000 个以上门电路）的电路为巨大规模集成电路。

4. 按导电类型分类

集成电路按导电类型可分为双极型（晶体管）集成电路、单极型（场效应管）集成电路及两者兼容的集成电路。

双极型集成电路的制作工艺复杂，功耗较大，代表集成电路类型有 TTL、ECL、HTL、LST-TL、STTL 等。单极型集成电路的制作工艺简单，功耗也较低，易于制成大规模集成电路，但工作速度较低，代表集成电路类型有 CMOS、NMOS、PMOS 等。

5. 按外形分类

集成电路按外形可分为圆形（金属外壳晶体管封装型，一般适合用于大功率线路）、扁平型（稳定性好、体积小）和双列直插型。

6. 按用途分类

集成电路按用途可分为电视机用集成电路、音响用集成电路、影碟机用集成电路、录像机用集成电路、计算机用集成电路、电子琴用集成电路、通信用集成电路、照相机用集成电路、遥控集成电路、语言集成电路、报警器用集成电路及其他各种专用集成电路。

7. 按应用领域分类

集成电路按应用领域可分为标准通用集成电路和专用集成电路。

B.2 集成电路的型号命名方法

国产集成电路和国际上其他国家或国际公司生产的集成电路命名方法略有不同，下面分别加以介绍。

1. 国产集成电路的型号命名方法

以图 B-1 所示型号的国产集成电路为例对国产集成电路的型号加以说明。

图 B-1 国产集成电路的型号命名

第一部分：C 表示器件符合国家标准。

第二部分：类型。T 为 TTL，H 为 HTL，E 为 ECL，C 为 CMOS，F 为线性放大器，D 为音响或电视电路，W 为稳压器，J 为接口电路。

第三部分：系列和品种。图 B-1 所示器件只有系列代号。具有品种代号的代号一般与国际代号一致。

第四部分：工作温度范围。C 代表 0~70℃，E 代表-40~85℃，R 代表-55~85℃，M 代表-55~125℃。

第五部分：封装。W 为陶瓷扁平，B 为塑料扁平，F 为全封闭扁平，D 为陶瓷直插，P 为塑料直插，J 为黑陶瓷直插，K 为金属菱形，T 为金属圆壳。

2. 国际集成电路的命名方法

不同国家或国际集成电路生产公司产品型号的命名规则虽有所差异，但基本相同。下面主要介绍 TTL 集成电路生产公司产品型号的命名规则，以图 B-2 所示型号的 TTL 集成电路为例加以说明。

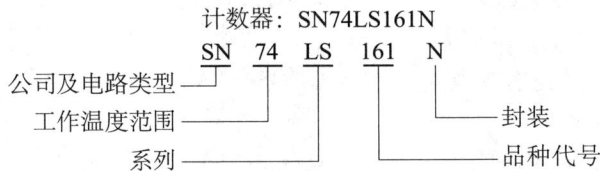

图 B-2　国际集成电路的型号命名

第一部分：用字母表示公司及电路类型。SN 表示（美国）得克萨斯公司标准电路，MC 表示（美国）摩托罗拉公司集成电路，N 表示（美国）西格涅迪克斯公司标准电路，DM 表示（美国）国家半导体公司单片数字电路，HD 表示（日本）日立公司数字集成电路。

第二部分：工作温度范围。不同公司采用自己定义的一些数字或字母表示温度。SN 中，74 代表 0~70°、54 代表-55~125℃。

第三部分：系列。不同公司采用的系列的表示符号各不相同。SN 中，L 表示低功率系列，S 表示肖特基系列，LS 表示低功率肖特基系列，ALS 表示先进的低功率肖特基系列，空白表示标准系列，H 表示高速系列。

第四部分：品种代号。国际上各公司的品种代号一致。

第五部分：封装。不同公司采用的封装形式的表示符号也不相同。SN 中，W 为陶瓷扁平，J 为陶瓷双列直插，N 为塑料双列直插，T 为金属扁平。

B.3　集成电路的使用事项

集成电路按其功能、用途使用时，应当了解其性能参数、管脚作用、连接方法及好坏判别方法。

1. 性能参数

集成电路的种类很多，不同用途的集成电路都有其不同的性能参数。而模拟集成电路和数字集成电路由于处理信号性质的不同，性能参数有着本质的区别，它们各有其基本的主要参数和极限参数，主要参数是反映其工作性能的参数，极限参数是生产厂家规定的不能超过的值，在使用中，如有超过极限值中的任何一个，集成电路电源都可能损坏，或性能下降、寿命缩短。

（1）模拟集成电路基本的主要参数和极限参数。

1）主要参数包括最大输出功率、静态工作电流、增益（闭环放大倍数）、输入/输出电阻等。

2）极限参数包括电源电压范围、功耗、工作环境温度等。

（2）数字集成电路基本的主要参数和极限参数。

1）主要参数包括高电平及低电平输出电压、高电平及低电平输出电流、平均传输延迟时间等。

2）极限参数包括电源电压范围，高电平及低电平输入电压，高电平及低电平输入电流，功耗，工作环境温度等。

2. 管脚引线端子的识别

使用集成电路前，必须认真查对和识别集成电路的引线端，确认电源、地、输入、输出及控制端的引线号，以免因错接损坏元器件。

贴片封装（A、B）型集成电路识别时，将文字符号正放，定位销向左，然后从左下角起按逆时针方向依次为 1、2、3……

扁形和双列直插型集成电路识别时，将文字符号标记正放，由顶部俯视，其面上有一个缺口或圆点，有时两者都有，这是引线端的标记。从该标记左侧（纵放）或下侧（横放）开始，管脚逆时针顺序编号。

圆形集成电路识别时，面向引出端，从定位销顺时针依次为 1、2、3……该类型集成电路多用于模拟集成电路。

3. 管脚的使用

集成电路使用时，其管脚应插入对应的芯片底座，底座引线编号对应芯片管脚编号。插拔芯片时必须均匀用力，插入时，每个管脚须对准插孔平行用力下压；拔出时，最好用专用的集成芯片拔起器。如果集成芯片是焊接的，拔出前，须将管脚周围的焊料清除；插入后需要焊接的，焊接时，管脚之间不能短路。在进行线路连接时，要注意其极限参数、芯片的工作保护、空脚的处理等问题。

（1）模拟集成电路管脚使用时应注意的事项。

1）正、负电源及地是否进行了可靠连接。

2）是否会出现失调，即在输入端没有信号时输出端电位是否为零，若有失调，要接有调零电路。

3）要接有相应的保护措施，否则如果发生不正常的工作状态电路将会损坏，保护措施主要有电源保护、输入保护和输出保护，由相应的外接保护电路来完成。

4）带有金属散热片的集成电路，必须加装适当的散热器，不能与其他元件或机壳碰触，否则会造成电路的短路事故。

（2）数字集成电路管脚使用时应注意的事项。数字集成电路按内部组成的元器件的不同主要分为 TTL 集成电路和 CMOS 集成电路。不论哪一种集成电路，使用时应通过查阅手册或说明书明确集成电路各管脚的功能，然后按其管脚功能使用芯片。对于功能芯片，应注意使能端的使用，时序电路应注意是"同步"还是"异步"工作方式等。

1）TTL 集成电路管脚使用时的注意事项。

a）电源只允许工作在 5V×（1±10%）的范围内，若电源电压超过 5.5V 或低于 4.5V，将使器件损坏或导致器件工作的逻辑功能不正常；不能将电源与地颠倒错接，否则将会因为过大的反向电流而造成器件损坏。

b）输入端连线应尽量短，这样可以缩短信号沿传输线的延迟时间；输出端不允许与电源或地短路，一般不允许将输出直接驱动大电流负载。

c）除三态和集电极开路的电路外，输出端不允许并联使用。

d）在电源接通时，不要移动或插入集成电路，因为电流的冲击可能会造成其永久性损坏。

e）多余的输入端悬空时相当于接高电平，使用中即使不影响逻辑电路的逻辑功能，也最好不要悬空，因为悬空容易受干扰，有时会造成电路的误动作，在时序电路中的表现更为明显。因此，多余输入端一般要根据具体情况加以处理，例如，属于与逻辑输入端的（如与门、与非门等的多余输入端）应接至高电平上，方法是将其直接接到电源上，或将其和使用的高电平端并联；属于或逻辑输入端的（如或门、或非门等的多余输入端）应接至低电平上，方法是将其就近接地；触发器不使用的输入端，应根据逻辑功能接入电平。

2）CMOS 集成电路管脚使用时的注意事项。

a）CMOS 集成电路可以在很宽的电源电压范围内提供正常的逻辑功能，但电源的上限电压（即使是瞬态电压）不得超过电路允许极限值，电源的下限电压（即使是瞬态电压）不得低于系统工作所必需的电源电压最低值，以取其允许范围的中间值为宜。

b）输入信号电压应满足 $U_{DD} \geq u_i \geq U_{SS}$，以防止输入保护电路中的二极管正向导通，出现大电流而烧坏。

c）因为 CMOS 输入保护电路中的钳位二极管的电流容量有限（一般为 1mA），所以在有可能出现较大输入电流的场合，都必须对输入保护电路采取过电流保护措施。例如，输入端接低内阻的信号源、输入端接长引线、输入端接大电容等情况，均应在 CMOS 输入端与信号源（或长线、电容）之间串入限流保护电阻，保证导通时电流不超过 1mA。

d）多余输入端绝对不能悬空，否则不但容易受外界噪声干扰，而且输入电位不定，破坏了正常的逻辑关系，也消耗很多功率。因此，应根据电路的逻辑功能需要情况加以处理。例如，与门和与非门的多余输入端应接到 VDD 或高电平；或门和或非门的多余输入端应接到 VSS 或低电平；如果电路的工作速度不高，不需要特别考虑功耗时，也可以将多余的输入端和使用端并联。以上所说的多余输入端，包括没有被使用但已接通电源的 CMOS 集成电路的所有输入端。例如，一片集成电路上有 4 个与门，电路中只用其中一个，其他 3 个门的所有输入端必须按多余输入端处理。

e）插拔芯片时，应该注意先切断电源，防止在插拔过程中烧坏 CMOS 的输入端保护二极管。

4. 集成电路的检测

检测集成电路是否正常，可采用以下几种方法。

（1）逻辑分析法。逻辑分析法指若怀疑某一集成电路有问题，可先测量该集成电路的输入信号是否正常，再测量集成电路的输出信号是否正常，若有输入而无输出，一般可判断为该集成电路或集成电路中的局域电路损坏。

（2）直流电阻比较法。直流电阻比较法是把要检测的集成电路各管脚的直流电阻值与正常集成电路的直流电阻值相比较，以此来判断集成电路的好坏。测量时要使用同一只万用表、同一个电阻挡位，以减小测量误差。直流电阻比较法可以对不同机型、不同结构的集成电路进行检测，但须以相同型号的正常集成电路作为参照。

（3）排除法。排除法指维修中若判断某一部分电路（包含集成电路）有故障，可先检测此部分电路的分立元件是否正常，若分立元件正常，则说明集成电路有问题，应考虑更换集成电路。

（4）直流电压测量法。直流电压测量法是检测集成电路的常用方法，主要是测量集成电路各管脚对地的直流工作电压值，再将其与标称值相比较，从而判断集成电路的好坏。

（5）专用仪器测量法。利用集成芯片测量仪，将芯片放入其测量插口并锁住，输入芯片系列及品质代号，便可判定其是否损坏。

B.4　常用 TTL 数字集成电路组件的管脚图

几种常用的 TTL 数字集成电路组件的管脚图如图 B-3 所示。

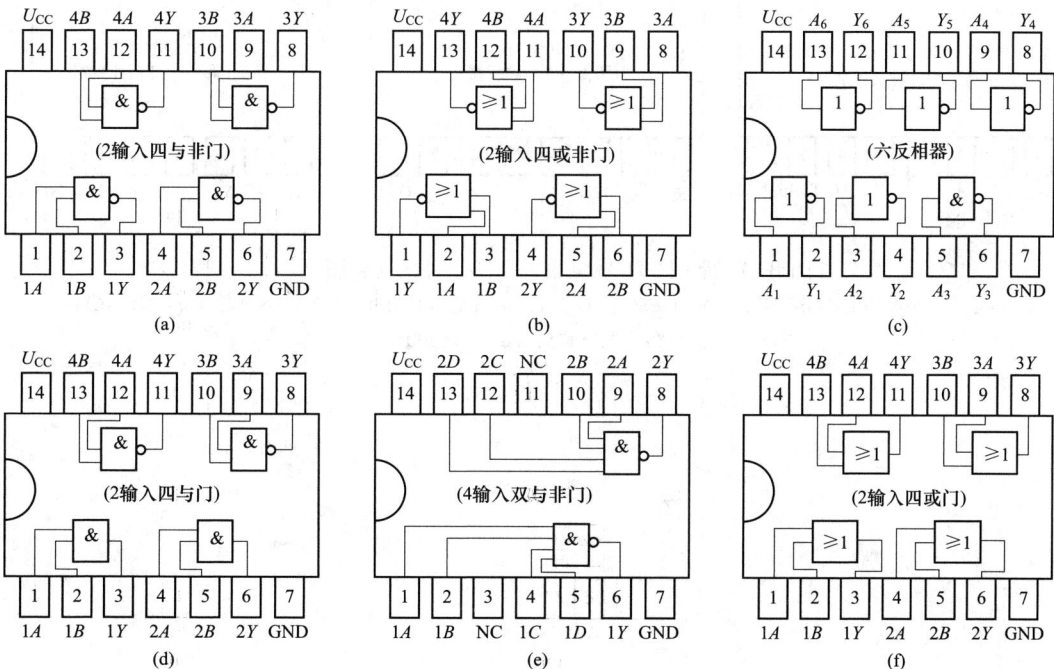

图 B-3　常用 TTL 数字集成电路组件的管脚图（一）

（a）74LS00；（b）74LS02；（c）74LS04；（d）74LS08；（e）74LS20；（f）74LS32

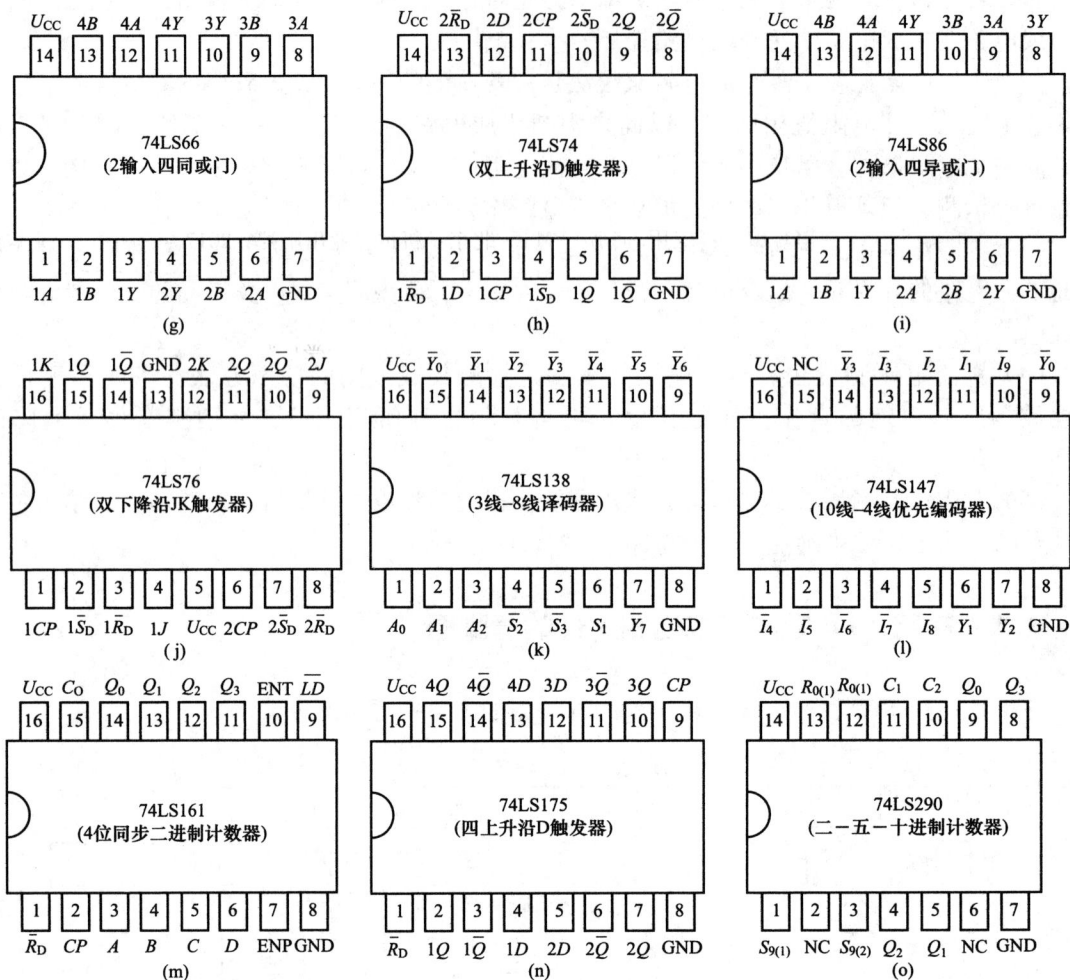

图 B-3　常用 TTL 数字集成电路组件的管脚图（二）

（g）74LS66；（h）74LS741；（i）74LS86；（j）74LS76；（k）74LS138；（l）74LS147；（m）74LS161；

（n）74LS175；（o）74LS290

参 考 文 献

［1］秦曾煌. 电工学. 7 版［M］. 北京：高等教育出版社，2009.

［2］廖常初. S7-1200 PLC 编程及应用. 3 版［M］. 北京：机械工业出版社，2017.

［3］张新喜. Multisim 14 电子系统仿真与设计. 2 版［M］. 北京：机械工业出版社，2017.

［4］白雪峰，王利强，孙志诚. 电工学实验［M］. 北京：机械工业出版社，2012.

［5］张永瑞. 电子测量技术基础. 2 版［M］. 西安：西安电子科技大学出版社，2009.

电工电子技术

实验报告

实验名称： 常用电工电子测量仪器、仪表的使用

专业班级： _____

姓　　名： _____

学　　号： _____

实验成绩：

预习成绩_____

操作成绩_____

总结成绩_____

教师签章：

实验室：_____　　　　台号：_____　　　　同组人：_____

一、实验目的

二、实验原理与说明（简介）

三、实验仪器及设备

名　称	型号及使用参数	数　量
直流电源供应器	GPD-3303	1台
数字万用表	VC890D	1块
数显式直流电压电流表	0~100mA　　0~50mA	1台
电工技术实验装置	SBL-2	1台
双踪示波器	GDS-1000	1台
任意波形信号发生器	AFG-2225	1台

四、实验内容与步骤

1. 电阻阻值的测量

实验数据：

电阻值（Ω）	330	100	51	10
实测电阻值（Ω）				
选择量程				
相对误差				

2. 测量线性电阻元件的伏安特性

（1）实验电路：

（2）实验数据：

U_S（V）	0	1	2	3	4	5	6	7	8
I（mA）									
U（V）									
$R=U/I$（Ω）									

（3）按一定比例尺作出的伏安特性曲线：

3. 测量二极管的伏安特性

（1）实验电路：

（2）实验数据：

二极管的正向伏安特性

U_S（V）	0. 1	0. 3	0. 4	0. 5	0. 6	0. 7	0. 8	1. 0	1. 2
I（mA）									
U（V）									

二极管的反向伏安特性

U_S（V）	0	−0. 5	−1	−3	−5	−10	−15	−20	−25
I（mA）									
U（V）									

（3）按一定比例尺作出的伏安特性曲线：

4. 测量直流电压源的伏安特性

（1）实验电路：

（2）实验数据：

电流表在电压表的右侧

R_L（Ω）	330	220	100	51	10	1	∞
I（mA）							
U（V）							

实验内容与步骤（续）

电流表在电压表的左侧

R_L（Ω）	330	220	100	51	10	1	∞
I（mA）							
U（V）							

（3）按一定比例尺作出的（上述两种测量结果）伏安特性曲线：

（4）结果分析（电流表、电压表的内阻对测量结果的影响）：

5. 验证基尔霍夫定律

（1）实验电路：

（2）实验数据：

被测量	电流（mA）			电压（V）				
	I_1	I_2	I_3	U_1	U_2	U_3	U_4	U_5
测量值								
计算值								
相对误差								
定律验证								

实验内容与步骤（续）：

（3）误差分析：

（4）实验结论（验证 KCL、KVL 的正确性）：

6. 测量电位

（1）分别将上图实验电路中的 A 点和 D 点选为零电位参考点。

（2）实验数据：

参考点	A					D				
被测量	V_B	V_C	V_D	V_E	V_E	U_A	U_B	U_C	U_E	U_F
测量值（V）										
计算值（V）										
相对误差										

（3）数值分析（参考点对电位的影响）：

7. 观测典型信号

（1）分别将信号发生器的输出、示波器的输入接至一个 220Ω 电阻的两端。注意要进行共地连接。

（2）实验数据：

被测波形	正 弦 波				矩 形 波			
被测量	周期（s）	频率（Hz）	幅值（V）	有效值（V）	周期（s）	频率（Hz）	脉宽（s）	幅值（V）
测量值								

8. 观测二极管电路的波形

（1）实验电路：　　　　　　　　　（2）信号波形（给出频率和幅值）：

五、实验总结

（记录本次实验中学到的实验手段和方法，遇到的问题或故障及其解决办法，总结实验体会。）

六、思考题

（1）使用万用表测量电阻时，应注意哪些问题？万用表测量结束后，转换开关应放在什么位置？

（2）电压表、电流表的内阻分别是越大越好还是越小越好，为什么？

（3）信号发生器、示波器等电子仪器设备在使用时，应注意什么？

电 工 电 子 技 术

实 验 报 告

实验名称： 直流电路分析

专业班级： _____

姓　　名： _____

学　　号： _____

实 验 成 绩：

预 习 成 绩_____

操 作 成 绩_____

总 结 成 绩_____

教 师 签 章：

一、实验目的

二、实验原理与说明（简介）

实验原理与说明（简介）（续）

三、实验仪器及设备

名　称	型号及使用参数	数　量
直流电源供应器	GPD-3303	1 台
数字万用表	VC890D	1 块
数显式直流电压电流表	0～100mA　0～50mA	1 台
双踪示波器	GDS-1000	1 台
任意波形信号发生器	AFG-2225	1 台
电工技术实验装置	SBL-2	1 台

四、实验内容与步骤

1. 验证叠加定理

（1）实验电路：

（2）实验数据：

被测量	E_1 单独作用			E_2 单独作用			E_1、E_2 共同作用		
	测量值	计算值	相对误差	测量值	计算值	相对误差	测量值	计算值	相对误差
I_1（mA）									
I_2（mA）									
I_3（mA）									
U_1（V）									
U_2（V）									
U_3（V）									

（3）数值分析（分析测量值是否满足叠加定理）：

（4）误差分析：

2. 测量有源二端网络的伏安特性

（1）实验电路：

实验内容与步骤（续）：

（2）实验数据：

R_L 测取值	R_L（Ω）	0	300	600	900	1200	∞
测　量 数　据	I（mA）						
	U_{AB}（V）						

（3）按一定比例尺作出的外特性（伏安特性）曲线：

（4）计算有源二端网络的开路电压 U_o、等效电阻 R_o 及短路电流 $I_S\left(I_S=\dfrac{U_o}{R_o}\right)$：

由外特性求出（实验值）			由电路计算（理论值）		
R_o（Ω）	U_o（V）	I_S（mA）	R_o（Ω）	U_o（V）	I_S（mA）

3. 测定戴维南等效电源的外特性

（1）构造戴维南等效电路，如图1所示：

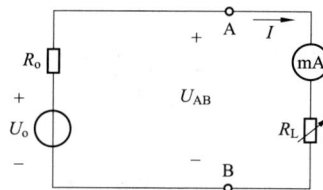

图 1　等效电路

（2）实验数据：

R_L（Ω）测取值		0	300	600	900	1200	∞
等效戴维南 电路	I（mA）						
	U_{AB}（V）						

（3）由实验数据按一定比例尺作出的戴维南等效电源的外特性曲线：

187

实验内容与步骤（续）

与步骤 2 所作曲线的比较：

*4. 应用其他方法验证戴维南定理

分别用两次电压测量法和零示法测量确定有源二端网络的等效内阻 R_o 和开路电压 U_o，数据表格自拟，并与上面的测量结果进行准确度比较。

5. 观测零输入响应和零状态响应

（1）实验电路：

（2）实验数据：

电容端电压 u_C 的观测结果

测量值		τ（ms）			波形
幅 值（V）	周 期（ms）	测量值	计算值	相对误差	

不同时间下电压 u_C 的测量

t（ms）		$t=\tau$	$t=3\tau$	$t=5\tau$
u_C	大小（V）			
	$u_C(t)/U_{cm}$			

实验内容与步骤（续）

6. 观测 *RC* 积分电路

（1）将上面实验电路中的电阻 *R* 换为 25kΩ，电容 $C=0.22\mu F$ 不变。

（2）实验数据填入下面表中。

（3）减小时间常数 τ，对积分电路的影响。

7. 观测 *RC* 微分电路

（1）实验电路。

（2）实验数据填入下面表中。

（3）增大时间常数 τ，对微分电路的影响。

8. 观测 *RC* 耦合电路

（1）将上面实验电路中的电阻 *R* 换为 25kΩ，电容 $C=0.22\mu F$ 不变。

（2）实验数据填入下面表中。

（3）减小时间常数 τ，对耦合电路的影响。

电路性质	测量值	计算值		波形
积分电路	t_p（ms）	τ（ms）	t_p/τ	
微分电路	t_p（ms）	τ（ms）	t_p/τ	
耦合电路	t_p（ms）	τ（ms）	t_p/τ	

五、实验总结

（记录本次实验中学到的实验手段和方法，遇到的问题或故障及其解决办法，总结实验体会。）

六、思考题

（1）在验证叠加定理过程中，E_1、E_2 分别单独作用时，可否直接将不作用的电源（E_1 或 E_2）两端直接短路？为什么？

（2）电阻上的功率是否也符合叠加定理？

（3）用戴维南定理求解什么问题最为方便？

（4）测量有源二端网络开路电压及等效内阻的方法有哪几种？各有何优点？

（5）时间常数的物理意义是什么？

（6）积分电路、微分电路及耦合电路必须具备什么条件？

（7）对已定参数的积分电路和微分电路，当脉冲信号的频率改变时，输出电压是否仍保持积分或微分关系？

电 工 电 子 技 术

实 验 报 告

实验名称：笼式异步电动机空载参数及特性测试

专业班级：＿＿＿＿＿＿＿＿＿＿＿＿

姓　　名：＿＿＿＿＿＿＿＿＿＿＿

学　　号：＿＿＿＿＿＿＿＿＿＿＿

实 验 成 绩：

　　预 习 成 绩＿＿＿＿＿＿＿

　　操 作 成 绩＿＿＿＿＿＿＿

　　总 结 成 绩＿＿＿＿＿＿＿

教 师 签 章：

实验室：＿＿＿＿＿＿＿＿＿　　　　台号：＿＿＿＿＿＿＿＿＿　　　　同组人：＿＿＿＿＿＿＿＿＿

一、实验目的

二、实验原理与说明（简介）

实验原理与说明（简介）（续）

三、实验仪器及设备

名　　称	型号或使用参数	数　　量
三相异步电动机	380/220V（丫/△），0.6A，150W，1400r/min	1台
交流接触器	380/220V，10A	2个
按钮	AC 600V，50Hz，10A	3组
数字万用表	VC890D	1块
数显式交流电压、电流表	0~500V，0~2A	各1块
单相电量仪	0~1500W，0~500V，0~2A，-90°~90°	1台
电工技术实验装置	SBL-1	1台

四、实验内容与步骤

1. 定子绕组（冷态）电阻及绝缘电阻的测量

（1）绝缘电阻测量电路：

（2）实验数据：

测量相	阻值（Ω）	相间测量	阻值（MΩ）	绕组对地	阻值（MΩ）
U 相		UV 相		U 相对地	
V 相		VW 相		V 相对地	
W 相		WU 相		W 相对地	

2. 定子绕组首末端的判别

（1）首末端测试电路：

（2）实验数据：

串联方式	UV 相串联	VW 相串联
	W 相电压（V）	U 相电压（V）
首末端串联		
末末端串联		

（3）各相绕组首末端的判定：

实验内容与步骤（续）

3. 测量定子绕组参数
（1）实验电路：

（2）实验数据：

被测阻抗	测　　量			计　算　值			
	U（V）	I（mA）	P（W）	$\|Z_L\|$（Ω）	$\cos\varphi$	R（Ω）	X_L（Ω）
单相定子绕组							

（3）总电压与总电流的相量图：

4. 测量异步电动机空载电压与电流
（1）实验电路：

（2）实验数据：

I_{st} 变化趋势	U_L（V）			U_{ph}（V）			$I_L = I_{ph}$（mA）			计算值
	U_{12}	U_{23}	U_{31}	U_{1N}	U_{2N}	U_{3N}	I_1	I_2	I_3	P_0（W）

实验内容与步骤（续）

    5. 异步电动机正反转的实现

    （1）实验电路：

    （2）实验结论：

五、实验总结

    （记录本次实验中学到的实验手段和方法，遇到的问题或故障及其解决办法，总结实验体会。）

（1）电动机绕组电阻、相间绝缘电阻及绕组对地绝缘电阻是越大越好还是越小越好？

（2）异步电动机两相绕组末端与末端相连施加电压时，第三相电压为什么近似为零？

（3）电动机绕组的端电压与绕组电阻、感抗上电压的相位关系分别是什么？

（4）电量仪的电压线圈和电流线圈在电路中应如何连接？

（5）三相定子绕组在丫形连接下，线电压与相电压的关系是什么？

（6）三相定子绕组在丫形连接下，若有一相电源线断开了，会有什么情况发生？为什么？

（7）对电动机的正反转控制，为什么必须保证两个接触器不能同时工作？可以采取什么措施解决这一问题？

（8）在教材图3-14所示的控制电路中，将KMR与KMF常闭点互换位置，按下SBF按钮，电路会发生什么现象？为什么？

电工电子技术

实验报告

实验名称： 集成运算放大器的应用

专业班级： _____

姓　　名： _____

学　　号： _____

实 验 成 绩：

　　预 习 成 绩_____

　　操 作 成 绩_____

　　总 结 成 绩_____

教 师 签 章：

实验室：_____   台号：_____   同组人：_____

一、实验目的

二、实验原理与说明（简介）

实验原理与说明（简介）（续）

三、实验仪器及设备

名　称	型号或使用参数	数　量
电子技术实验装置	SBL-2	1 台
数字万用表	VC890D	1 块
双踪示波器	GDS-1000	1 台
直流电源供应器	GPD-3303	1 台
直流稳压电源	+15V、0V、-15V	1 台
任意波形信号发生器	AFG-2225	1 台

四、实验内容与步骤

1. 集成运算放大器的线性应用

(1) 测量比例运算电路。

1) 反相输入。

① 实验电路：

② 实验数据：

(V)

直流输入电压 U_i (V)		0.1	0.4	0.7
输出电压 U_o	实测值			
	计算值			
	相对误差			

③ 数值分析（分析测量值是否满足运算关系）：

④ 误差分析：

2) 同相输入。

① 实验电路：

② 实验数据：

(V)

直流输入电压 U_i (V)		0.1	0.4	0.7
输出电压 U_o	实测值			
	计算值			
	相对误差			

③ 数值分析（分析测量值是否满足运算关系）：

④ 误差分析：

（2）测量反相输入求和运算电路。

1）实验电路：

2）实验数据：

直流输入电压 （V）	U_{i1}	0.5	0.2	−0.5
	U_{i2}	0.2	0.5	0.2
输出电压 U_o （V）	实测值			
	理论值			

3）数值分析（分析测量值是否满足运算关系）：

（3）测量减法运算电路。

1）实验电路：

2）实验数据：

直流输入电压 （V）	U_{i1}	0.5	0.2	−0.5
	U_{i2}	0.2	0.5	0.2
输出电压 U_o （V）	实测值			
	理论值			

3）数值分析（分析测量值是否满足运算关系）：

（4）测量反相输入积分运算电路。

1）实验电路：

3）实验结论：

2）波形记录：

输入方波	未并联 R_F 时的输出波形	并联 R_F 时的输出波形

＊（5）恒压源与恒流源的测量。

  1）实验电路：

  2）实验数据（自拟表格）：

  3）实验结论：

2. 波形信号发生器

（1）测量 RC 正弦波发生器产生的信号。

1）实验电路：

2）实验数据：

测试条件	$R=10\ \text{k}\Omega$, $C=0.1\mu\text{F}$			$R=10\ \text{k}\Omega$, $C=0.22\mu\text{F}$		
测试项目	U_o（V）		f_{o1}（Hz）	U_o（V）		f_{o2}（Hz）
	最大	最小		最大	最小	
测量值						

3）数值分析（f_{o1}、f_{o2} 与计算值的比较）：

实验内容与步骤（续）：

（2）观测滞回电压比较器的波形转换。

1）实验电路：

2）波形记录（给出参数）：

（3）观测方波—三角波发生器产生的信号。

1）实验电路：

2）实验数据：

项目	测量值				计算值
	u_{o1}		u_o		
参数量	U_o（V）	f_o（Hz）	U_o（V）	f_o（Hz）	R_P（kΩ）
数值					
波形					
频率范围					

实验内容与步骤（续）

＊（4）占空比可调的矩形波发生器的测试。

　　1）实验电路：

　　　　　　　　　　　　　　　　　　　　　　　　　2）波形记录：

　　3）实验结论（包括电位器 R_W、R_P 对信号的影响）：

五、实验总结

　　（记录本次实验中学到的实验手段和方法，遇到的问题或故障及其解决办法，总结实验体会。）

（1）集成运算放大器作为基本运算单元，它可完成哪些常见的运算功能？

（2）理想运算放大器的主要分析依据是什么？

（3）本次实验使用的放大器芯片 LM741CN，使用前为什么要调零？

（4）RC 正弦波发生器的振荡条件是什么？

（5）电压比较器能将变化的波形转换为矩形波的原理是什么？

（6）方波—三角波发生器产生的方波与三角波频率是否相同？为什么？

电工电子技术

实验报告

实验名称： 门电路、触发器的功能测试及其应用

专业班级： _____

姓　　名： _____

学　　号： _____

实 验 成 绩：

预 习 成 绩_____

操 作 成 绩_____

总 结 成 绩_____

教 师 签 章：

一、实验目的

二、实验原理与说明（简介）

实验原理与说明（简介）（续）

三、实验仪器及设备

名　　称	型号或使用参数	数　量
电子技术实验装置	SBL-2	1 台
直流稳压电源	0V、+5V	1 块
数字万用表	VC890D	1 块

1. 门电路与组合逻辑电路

（1）TTL 门电路逻辑功能的测试。

1）测试**与非**门逻辑功能：

① 选用集成四～二输入端**与非**门 74LS00 一片进行测量。

② 实验数据：

输入状态		输出状态			
A_X	B_X	Y_1	Y_2	Y_3	Y_4
0	0				
0	1				
1	0				
1	1				

③ 数值分析（满足的逻辑关系）：

2）测试**异或**门逻辑功能：

① 实验电路：

② 实验数据：

输入				输出		
A_1 B_1		A_2 B_2		Y_1（状态）	Y_2（状态）	Y_3（状态）
0 0		0 0				
0 1		0 1				
1 0		1 1				
1 1		1 0				

③ 数值分析（满足的逻辑关系）：

（2）由**与非门**电路构成的组合逻辑电路的功能验证。

1）实验电路：

2）状态表：

A	0	0	1	1
B	0	1	0	1
Y				

3）结果分析（满足的逻辑功能）：

（3）测试用**异或**门和**与非**门组成的半加器的逻辑功能。

1）实验电路：

2）实验数据：

输入端	A	0	0	1	1
	B	0	1	0	1
输出端	S				
	C				

3）结果分析（逻辑功能）：

*（4）测试用半加器形成的全加器的逻辑功能。

  1）实验电路：   2）实验数据（自拟表格）：

  3）结果分析（逻辑功能）：

（5）七段编码显示电路的测试。

  1）实验电路：   2）编码表（自拟）：

  3）实验结论：

2. 双稳态触发器及其应用

（1）测试基本 RS 触发器的逻辑功能。

  1）实验电路：   2）实验数据：

输 入 端		输 出 端		逻辑功能
$\overline{S}_D$	$\overline{R}_D$	Q	$\overline{Q}$	
0	1			
1	0			
1	1			
0	0			

实验内容与步骤（续）：

（2）测试 JK 触发器逻辑功能。

输 入 端					输 出 端		逻辑功能
$\bar{S}_D$ $\bar{R}_D$		CP	J	K	Q^n	Q^{n+1}	
0	**1**	×	×	×	×		
1	**0**	×	×	×	×		
1	**1**	⌐↑	×	×	**0**		
					1		
1	**1**	⌐↓	**0**	**0**	**0**		
					1		
1	**1**	⌐↓	**0**	**1**	**0**		
					1		
1	**1**	⌐↓	**1**	**0**	**0**		
					1		
1	**1**	⌐↓	**1**	**1**	**0**		
					1		

（3）用 JK 触发器组成二分频和四分频电路。

1）实验电路：

2）实验数据：

频率（Hz）		时序波形图（8个 CP 脉冲）
CP		
Q_0		
Q_1		

（4）D 触发器逻辑功能的测试。

输 入 端			输 出 端		逻辑功能
$\overline{R}_D$	CP	D	Q^n	Q^{n+1}	
0	×	×	×		
1	⌐_	0	0		
		1	1		
1	_⌐	0	0		
			1		
1	_⌐	1	0		
			1		

（5）由 D 触发器构成移位寄存器。

1）实验电路：

2）状态表：

CP	寄存器中的数码			移位过程
	Q_3	Q_2	Q_1	
0	0	0	0	清　零
1				
2				
3				

3）把 D_1 端与 Q_3 端连在一起，将 $Q_3 Q_2 Q_1$ 置为 **100**。由 CP 端输入连续脉冲，$Q_3 Q_2 Q_1$ 的状态如何变化？解释看到的现象。

五、实验总结

（记录本次实验中学到的实验手段和方法，遇到的问题或故障及其解决办法，总结实验体会。）

六、思考题

（1）怎样判断门电路逻辑功能是否正常？

（2）逻辑运算中的 **1** 和 **0** 是否表示两个数字？

（3）与非门一个输入端接连续脉冲，其余输入端什么状态时允许脉冲通过？什么状态时不允许脉冲通过？

（4）实验中芯片的空脚如何处理？

（5）基本 RS 触发器与同步 RS 触发器的区别是什么？

（6）触发器的共同特点是什么？

（7）主从型触发器与维持阻塞型触发器对触发脉冲各有什么要求？